Schriften der Mathematisch-naturwissenschaftlichen Klasse
der Heidelberger Akademie der Wissenschaften
Nr. 8 (2000)

Springer
Berlin
Heidelberg
New York
Barcelona
Hongkong
London
Mailand
Paris
Singapur
Tokio

Charlotte Schönbeck

Albert Einstein und Philipp Lenard

Antipoden im Spannungsfeld von Physik und Zeitgeschichte

Vorgelegt von Gisbert zu Putlitz
in der Sitzung vom 29. Januar 2000

Springer

Charlotte Schönbeck
Pädagogische Hochschule
Fakultät für Mathematik und Naturwissenschaften
Im Neuenheimer Feld 561
69120 Heidelberg

Die „Sitzungsberichte der Heidelberger Akademie der Wissenschaften – Mathematisch-naturwissenschaftliche Klasse" haben von nun an die geänderte Bezeichnung „Schriften der Mathematisch-naturwissenschaftlichen Klasse der Heidelberger Akademie der Wissenschaften."
Die Zählung ist nunmehr fortlaufend – beginnend mit 1 –, d. h. nicht mehr jahrgangsweise.
Die Supplemente werden mit den „Sitzungsberichten" unter dem neuen Reihentitel vereinigt.

Die Deutsche Bibliothek – CIP-Einheitsaufnahme
Schönbeck, Charlotte: Albert Einstein und Philipp Lenard: Antipoden im Spannungsfeld von Physik und Zeitgeschichte / Charlotte Schönbeck. – Berlin; Heidelberg; New York; Barcelona; Hongkong; London; Mailand; Paris; Singapur; Tokio: Springer, 2000
(Schriften der Mathematisch-Naturwissenschaftlichen Klasse der Heidelberger Akademie der Wissenschaften; Nr. 8)
ISBN 3-540-67495-0

Mit 13 Abbildungen

ISBN 3-540-67495-0 Springer-Verlag Berlin Heidelberg New York

Gedruckt auf säurefreiem Papier SPIN: 10769169 08/3142PS - 5 4 3 2 1 0

Einführung

Lenard contra Einstein

Der erbitterte Kampf des Heidelberger Physikers Philipp Lenard (1862–1947) gegen die Relativitätstheorie Einsteins und auch gegen die Person Albert Einsteins wird in wissenschaftshistorischen Veröffentlichungen und Einstein-Biographien öfter angesprochen. Durch die Verflechtung wissenschaftlicher Kontroversen sowohl mit persönlichen wie auch mit politischen Angriffen nahmen diese Auseinandersetzungen Formen an, die weit über den üblichen Rahmen wissenschaftlicher Auseinandersetzungen hinausgingen: sie wurden ein Thema in Zeitungen, Radio und öffentlichen Veranstaltungen. Dieser – unter den Augen der Öffentlichkeit – ausgetragene Teil des Streites begann im Sommer 1920, erreichte seinen Höhepunkt in dem Rededuell zwischen Lenard und Einstein auf der Tagung der „Deutschen Naturforscher und Ärzte" im September 1920 in Bad Nauheim und fand seinen Abschluß in dem berühmten Artikel Lenards im „Völkischen Beobachter" vom 13. 5. 1933, in dem Lenard mit großer Genugtuung feststellte,

> „dass der Relativitätsjude, dessen mathematisch zusammengestoppelte Theorie (...) nun schon allmählich in Stücke zerfällt",[1]

Deutschland verlassen hat.

Die Vorgeschichte dieses Kampfes ist wenig bekannt.[2] Davon soll hier die Rede sein, und es sollen die bisher bekannten Darstellungen der Auseinandersetzungen um neue Aspekte ergänzt werden. Ziel dabei ist es, in dieser Untersuchung über das Verhältnis von Einstein und Lenard nicht nur die unterschiedlichen fachlichen Grundauffassungen und die gegensätzlichen zeitgeschichtlichen Standpunkte der beiden Forscher deutlich zu machen, sondern auch die so unterschiedlichen Wesenszüge der beiden Persönlichkeiten zu skizzieren.

Erste indirekte Verbindung 1897/98

Einen ersten Hinweis, daß Einstein der Name Lenard und die physikalischen Forschungen in Heidelberg bekannt waren, gibt es schon sehr früh. Am 20. Oktober 1897 bekam Einstein einen Brief aus Heidelberg, in dem es – in einem etwas ungelenkem Deutsch heißt:

---

[1] „Völkischer Beobachter" vom 13. 5. 1933.

[2] Erste Darstellung in: Kleinert, Andreas/Schönbeck, Charlotte: Lenard und Einstein. Ihr Briefwechsel und ihr Verhältnis vor der Nauheimer Diskussion von 1920. In: Gesnerus 35 (1978), S. 318–333.

„(...) Ich wandle jetzt, wie Sie schon erfahren haben unter deutschen Eichen im lieblichen Neckartale, das jetzt leider schlegeldicken Nebels schamhaft seine Reize verhüllen, und ich kann mir meine Augen rausgucken ich sehe doch nur ein gewisses Etwas, o öde und grau wie die Unendlichkeit.(...) O das war zu nett gestern in der Vorlesung von Prof. Lenard, er spricht jetzt über die Kinetische Wärmetheorie der Gase,[3] da stellte es sich so heran die Moleküle des O mit einer Geschwindigkeit von über 400 m in einer Sekunde bewegen, dann rechnete der gute Professor und rechnete, stellte Gl[eichungen] auf, differen[zierte], integrierte, setzte ein und endlich kam heraus dass die Moleküle sich zwar mit dieser Geschwindigkeit bewegen aber dass sie nur einen Weg von 1/100 von einer Haaresbreite zurücklegen."[4]

Diese Zeilen schrieb Einsteins Studienkollegin, Freundin und spätere erste Frau Mileva Marić.

Albert Einstein (1879–1955) war damals 18 Jahre alt (Abb. 1), er war Student im dritten Semester am Polytechnikum in Zürich und hatte den Kurs für Fachlehrer in Mathematik und Naturwissenschaften belegt. Die Vorlesungen seiner Studienfächer interessierten ihn wenig, er vertiefte sich lieber in die Originalliteratur der Naturwissenschaften und der Philosophie. Das tat er oft gemeinsam mit

Abb. 1. Albert Einstein 1898 als Student am Polytechnikum in Zürich (Bibliothek der Eidgenössischen Technischen Hochschule Zürich)

[3] Philipp Lenard war von 1896 bis 1898 außerordentlicher Professor für Theoretische Physik an der Universität Heidelberg. Seine vierstündige Vorlesung im WS 1897/98 trug den Titel „Theoretische Physik" (Wärmetheorie, Elektrodynamik).

[4] The collected papers of Albert Einstein. Vol. 5. Princeton 1993, Dok. 36, S. 58, 59.

seiner Studienkollegin Mileva Marić. Zürich war damals für Frauen ein begehrter Studienort. In Deutschland war zu diesem Zeitpunkt das Frauenstudium noch nicht in voller Allgemeinheit erlaubt. Für das WS 1897/98 schrieb sich Mileva an der Heidelberger Universität als Gasthörerin ein. Es ist nicht bekannt, ob das auf den Wunsch der Eltern geschah, um in dem immer enger werdenden Verhältnis ihrer Tochter zu dem Studenten Einstein für eine räumliche Distanz zu sorgen oder ob sich Einstein und Mileva eine solche räumliche Trennung selbst auferlegt hatten. Dem Studenten Einstein war damals auf jeden Fall der Name des Physikers Philipp Lenard bekannt.

Der 34jährige Philipp Lenard (Abb. 2) war in diesem Winter 1897/98 Extraordinarius für Theoretische Physik. Dies war nur eine kurze Episode vor seiner Berufung 1898 als Ordinarius für Physik in Kiel. Er war bereits ein in ganz Europa anerkannter Experimentalphysiker. Seine bahnbrechenden Arbeiten über Kathodenstrahlen, über die Entdeckung des Lenard-Fensters, die genialen Arbeiten aus dem Bereich der Phosphore und der Wasserfallelektrizität hatte er schon veröffentlicht. Seine experimentellen Untersuchungen waren Wegbereiter gewesen sowohl bei der Entdeckung der Röntgenstrahlen wie auch bei der des Elektrons.

Abb. 2. Philipp Lenard um 1900 als Professor der Physik an der Kieler Universität (Schleswig-Holsteinische Landesbibliothek Kiel)

Erster direkter Kontakt 1905

Als 1905 die drei Arbeiten Einsteins in den „Annalen der Physik“ erschienen, die seinen Weltruhm begründen sollten, kannte ihn in der wissenschaftlichen Welt niemand. Auch für Lenard, seit sieben Jahren Ordinarius und Institutsdirektor an der Kieler Universität, war der technische Experte 3. Klasse am Amt für geistiges Eigentum in Bern damals sicher ein Unbekannter. Einstein dagegen war mit den Arbeiten des 17 Jahre Älteren durchaus vertraut: In dem Artikel „Über einen die Erzeugung und Verwandlung des Lichtes betreffenden heuristischen Gesichtspunkt“[5] (Die Deutung des Fotoeffektes mit Hilfe der Lichtquantenhypothese), erwähnt er mehrfach Lenards Untersuchungen aus den Jahren 1902 und 1903:

> „Die übliche Auffassung, daß die Energie des Lichtes kontinuierlich über den durchstrahlten Raum verteilt sei, findet bei dem Versuch, die lichtelektrischen Erscheinungen zu erklären, besonders große Schwierigkeiten, welche in einer bahnbrechenden Arbeit von Herrn Lenard[6] dargelegt sind.“[7]

und er schrieb über die von ihm geforderte Proportionalität von Elektronenenergie und Frequenz des einfallenden Lichtes: „Mit den von Hrn. Lenard beobachteten Eigenschaften der lichtelektrischen Wirkung steht unsere Auffassung, soweit ich sehe, nicht im Widerspruch.“[8]

Wir wissen nicht, ob Lenard von Einstein ein Exemplar dieser Arbeit zugeschickt bekommen hat oder ob er bei Durchsicht der „Annalen der Physik“ darauf gestoßen ist. Jedenfalls schickte er ihm kurz darauf eine seiner neueren Arbeiten zu. Einstein bedankte sich dafür in folgendem Brief aus Bern vom 16. November 1906:

> „Hoch verehrter Herr Professor! Ich danke Ihnen herzlich für die mir zugesandte Arbeit, die ich mit demselben Gefühl der Bewunderung studierte wie Ihre früheren Arbeiten. Bei dieser Gelegenheit möchte ich mir noch eine kurze sachliche Bemerkung erlauben (...).“[9]

Bei der Arbeit, für die sich Einstein bedankt, handelt es sich offenbar um Lenards Veröffentlichung „Über Lichtemission der Alkalidämpfe und Salze, und über die Zentren dieser Emissionen“,[10] erschienen im gleichen Band wie Einsteins Arbeit. Die erwähnte Bemerkung knüpft nämlich an die Deutung der Versuche an, die in dieser Arbeit Lenards behandelt werden.

Ein grundlegendes Anliegen der Physik in dieser Zeit war die Frage nach dem Aufbau des Atoms. Die eingehende Untersuchung von Spektren sollte die Entstehung der Spektrallinien und die ihr zugrunde liegenden Mechanismen klä-

---

[5] Annalen d. Physik, 4. Folge, Bd. 17 (1905), S. 132–148.
[6] Annalen d. Physik, 4. Folge, Bd. 8 (1902), S. 169 u. 170.
[7] Siehe Anmerkung 5, S. 145.
[8] Siehe Anmerkung 5, S. 147.
[9] Vollständiger Wortlaut des Briefes vergl. Anmerkung 2, S. 319.
[10] Annalen d. Physik, 4. Folge, Bd. 17 (1905), S. 197–247.

ren.[11] Lenard hatte schon 1903 vermutet daß ein Atom nicht gleichzeitig alle Linien emittieren kann, sondern, „daß jedes Metallatom (...) eine Reihe verschiedener Zustände annehme, deren mindestens so viele sind, als ein Spektrum Serien enthält".[12] In seiner Arbeit von 1905 erweiterte er nun diese Vorstellung durch die zusätzliche Annahme, daß die Ursachen für die Hauptserien die verschiedenen Zustände der elektrisch neutralen Atome seien, während die Nebenserien durch ein- oder mehrfach ionisierte Atome entstehen sollten. Genau an diese Vermutung knüpft Einstein in seinem Brief an, wenn er in dem weiteren Text vorschlägt, daß nicht nur jede Serien, sondern jede Linie des Spektrums durch einen besonderen Zustand des Atoms entsteht. Eine befriedigende Erklärung der Entstehung der Spektrallinien und brauchbare Atommodelle wurden erst durch die Quantenmechanik mehr als 20 Jahre später möglich.

Lenard bekam 1905 den Nobelpreis für seine Untersuchungen über Kathodenstrahlen, er stand auf der Höhe seiner kreativen, wissenschaftlichen Schaffenskraft. - Einstein dagegen begann seine berufliche Laufbahn erst, er bekleidete seine erste Stellung am Patentamt in Bern.

Zweiter indirekter Kontakt 1909–1911

Seit 1909 gab es eine indirekte Verbindung zwischen Lenard und Einstein durch den jungen Physiker und Mathematiker Johann Jakob Laub (1882–1962). Er stammte aus Galizien und hatte 1906 bei Wilhelm Wien in Würzburg mit einer Arbeit „Über sekundäre Kathodenstrahlen" promoviert. Seine Dissertation hatte er mit Thesen über die spezielle Relativitätstheorie verteidigt. Dies war - nach der Darlegungen von Max Planck in seinem physikalischen Seminar in Berlin im Wintersemester 1905/06 - eine der ersten öffentlichen Darstellungen der jungen Theorie. Laub befaßte sich intensiv mit den Einsteinschen Überlegungen und bat Einstein, ihn in Bern besuchen zu dürfen. Von April bis Mai 1908 war er in Bern. Dabei entstanden drei gemeinsame Arbeiten von Einstein und Laub über Themen der Relativitätstheorie.[13] Laub war Einsteins erster Mitarbeiter.

---

[11] Vgl. Heilbron, John L.: A history of the problem of atomic structure from the discovery of the electron to the beginning of quantum mechanics. Diss. Berkley 1964. Hier S. 176ff.

[12] Lenard, Philipp: Über den elektrischen Bogen und die Spektren der Metalle. In. Annalen d. Physik, 4. Folge, Bd. 11 (1903), S. 636–65, hier S. 649.

[13] Einstein, Albert/Laub, Jakob: Über die elektrischen Grundgleichungen bewegter Körper. In: Annalen d. Physik, 4. Folge, Bd. 26 (1908), S. 532–540; Einstein, Albert/Laub, Jakob: Über die im elektromagnetischen Felde auf ruhende Körper ausgeübten ponderomotorischen Kräfte. In: Annalen d. Physik, 4. Folge, Bd. 26 (1908), S. 541–550; Einstein, Albert/Laub, Jakob: Bemerkungen zu unserer Arbeit „Über die im elektromagnetischen Felde auf ruhende Körper ausgeübten ponderomotorischen Kräfte (Nachtrag)". In: Annalen d. Physik, 4. Folge, Bd. 28 (1909), S. 445–447.

Abb. 3. Johann Jakob Laub wohnte während seiner Assistentenzeit am Physikalischen Institut in der Handschuhsheimer Landstraße Nr. 10 (Foto: Schönbeck)

Abb. 4. Philipp Lenard zog Anfang des Jahrhunderts in die Neuenheimer Landstraße Nr. 2 (Foto: Schönbeck)

Abb. 5a. Das Physikalische Institut befand sich bis 1912 im Friedrichsbau. Ansicht von Südwesten 1914 (In: Semper Apertus. Sechshundert Jahre Ruprecht-Karls-Universität Heidelberg 1386–1986. Bd. VI: Die Gebäude der Universität Heidelberg. Hrsg. Peter Anselm Riedl. Heidelberg 1985. Abb. 301 – Quellennachweis: Universitätsbibliothek SH IV, 83^{1+2})

Abb. 5b. Entwurf des neuen Physikalischen Instituts in einer Zeichnung von F. Ostendorf aus dem Jahr 1900. Ansicht von Nordwesten. (In: Semper Apertus. Sechshundert Jahre Ruprecht-Karls-Universität Heidelberg 1386–1986. Bd. VI: Die Gebäude der Universität Heidelberg. Hrsg. Peter Anselm Riedl. Heidelberg 1985. Abb. 417 – Quellennachweis: Stadtarchiv Heidelberg)

Abb. 5c. Das neue Physikalische Institut der Heidelberger Universität gehörte bei seiner Fertigstellung 1912 zu den größten und modernsten in Deutschland. Ansicht von Südwesten 1999 (Foto: Schönbeck)

1908 wurde Laub Assistent von Philipp Lenard in Heidelberg, der 1907 die Nachfolge von Quincke[14] angetreten hatte. Laub wohnte in der Handschuhsheimer Landstraße 10 (Abb. 3), Lenard zog in dieser Zeit in die Neuenheimer Landstraße 2 (Abb. 4), das Physikalische Institut (Abb. 5) war noch im Friedrichsbau untergebracht. Dies war der Schauplatz eines Stückchens Heidelberger Physikgeschichte, ein Schauplatz aus der frühen Geschichte der speziellen Relativitätstheorie.

In Briefen berichtete Laub seinem Freund Einstein über Lenard und seine Arbeit in Heidelberg: Er war zunächst sehr froh, bei Lenard in Heidelberg zu sein und schrieb am 16. Mai 1909 an Einstein:

> „Lieber Freund! Was Lenard betrifft, ist er ja überall als Satrap bekannt, der die Assistenten schlecht behandelt. Nach meiner Meinung verdienen es die Leute, denn warum fallen sie überall auf den Bauch. Ich kann ihnen nur sagen, dass Lenard mir gegenüber einen ganz anderen Ton anschlägt, und dass ich die vollste Freiheit habe".

Laub berichtete auch über Mitarbeiter im Institut und erwähnte:

[14] Georg Hermann Quincke (1834–1924) war ab 1875 o. Professor für Physik an der Heidelberger Universität und Direktor des Physikalischen Institutes.

„Äusserst nett und bescheiden ist Prof. Pockels.[15] Wir haben (ohne Lenard) ein Privatkolloquium in Pockels Wohnung, wo jetzt die Relativitätstheorie besprochen wird. Nächstens soll die Lichtquantentheorie heran (...) Ich rechne mit Sicherheit auf Ihren Besuch. Es ist ja nicht so weit bis Heidelberg."[16]

Am 17. Mai 1909 schrieb Einstein an Laub – er hatte offensichtlich Laubs Schreiben noch nicht erhalten:

„Lieber Herr Laub! Zuerst meine herzlichste Gratulation wegen der Assistentur und des damit verbundenen Einkommens. Ich hatte mein großes Vergnügen an dieser Nachricht. Aber ich glaube, dass die Gelegenheit, mit Lenard zusammen zu arbeiten, noch weit mehr ist als Assistentur und Einkommen zusammen! Ertragen Sie Lenards Schrullen, so viel er nur haben mag. Er ist ein großer Meister, ein origineller Kopf! Vielleicht ist er ganz umgänglich einem Mann gegenüber, den er zu achten gelernt hat."[17]

Auch in seinem Brief vom 16. März 1910 fand er anerkennende Worte für Lenard:

„Und doch müssen Sie sich glücklich preisen, dass Sie bei Lenard sind, zumal Sie ja – wie es scheint – ihn mit großem Geschick zu behandeln verstehen. Er ist nicht nur ein geschickter Meister in seiner Zunft, sondern wirklich ein Genie."[18]

In Briefen an Carl Seelig hat Laub später berichtet, daß auch Lenard Einstein in dieser Zeit außerordentlich geschätzt hat, besonders wegen seiner Arbeiten über den lichtelektrischen Effekt.[19] Auch gegenüber der speziellen Relativitätstheorie, mit der sich sein Assistent Laub eingehend beschäftigte, hatte Lenard keinerlei Vorurteile. So reichte er im Juni 1909 bei der Heidelberger Akademie der Wissenschaften – die Akademie war gerade gegründet worden, und Lenard war Gründungsmitglied – eine Arbeit von Laub ein, die relativistische Rechnungen enthielt,[20] und 1910 veröffentlichte Laub – mit Einverständnis und Zustimmung Lenards – einen Bericht „Über die experimentellen Grundlagen des Relativitätsprinzips".[21] In dieser Arbeit findet sich eine vollständige Liste von Einsteins Arbeiten. Da keine Arbeit aus dem Physikalischen Institut veröffentlicht werden durfte, ohne daß sie von Lenard „controlliert und nachüberlegt" worden war, so wissen wir, daß Lenard alle Veröffentlichungen Einsteins kannte.

---

15 Friedrich Pockels (1865–1913) war zu dieser Zeit a.o. Professor für theoretische Physik in Heidelberg. Er freundete sich mit dem jungen Laub an. Das Verhältnis zwischen dem Experimentalphysiker und Institutsdirektor Lenard und dem Theoretischen Physiker und Extraordinarius gestaltete sich im Laufe der Jahre immer schwieriger. Die Theoretische Physik genoß zu dieser Zeit noch nicht das gleiche Ansehen in Deutschland wie die Experimentalphysik.

16 The collected papers of Albert Einstein. Vol. 5, Princeton 1993, Dok. 159, S. 184–187.

17 The collected papers of Albert Einstein. Vol. 5, Princeton 1993, Dok. 160, S. 187/188.

18 The collected papers of Albert Einstein. Vol .5, Princeton 1993, Dok. 163.

19 Brief von Jakob Laub an Carl Seelig vom 10. 9. 1959.(ETH-Bibliothek Zürich).

20 Laub, Jakob: Zur Theorie der longitudinalen magnetooptischen Effekte in leuchtenden Gasen und Dämpfen. In: Sitzungsberichte d. Heidelberger Akad. d. Wissenschaften, Math-nat. Klasse, 1 (1909/10) 6. Abhandlung.

21 Stark, Johannes (Hrsg.): Jahrbuch für Radioaktivität und Elektronik 7 (1910), S. 405–420.

Erst nach 4 Jahren, im Juni 1909 antwortete Lenard auf Einsteins Brief von 1905:

„Hochverehrter Herr College! Lassen Sie mich Ihnen danken für die freundlichen Zeilen anlässlich meiner letzten Zusendung. Was kann mich auch mehr freuen, als wenn ein tiefer, umfassender Denker einigen Gefallen an meiner Arbeit findet. Bei dieser Gelegenheit muss ich Ihnen auch sagen, dass Ihr wertes Schreiben v. 16. Nov. 1905 seit damals immer auf meinem Schreibtisch liegt, erst in Kiel, jetzt hier, und dass ich mir immer mehr Gedanken mache über unsere verschiedenen Auffassungen über die elektrischen Geschwindigkeiten und was damit zusammenhängt. Ich glaube nämlich, wir haben beide in gewissem Sinne recht; aber zufrieden werde ich erst sein, wenn ich sehe, wie die umfassenden, wunderbaren, von Ihnen gefundenen Beziehungen zu allem Übrigen, was ich mir vorstelle in ein Ganzes passen. Die Phosphore und deren Vorgänge geben mir fortwährend in der letzten Zeit besonderen Anlaß, an derlei zu denken. Bin ich fertig damit, so lasse ich es Sie wissen - eher konnte Ihr so wertes Schreiben also keinen Widerhall finden. Also nicht aus Mangel war es, wie Sie sehen, dass ich immer nicht schrieb.

Mit vorzüglicher Hochachtung, Ihr ergebener P. Lenard

Vielleicht verschafft die grössere Nähe Ihres Wohnortes künftig mir das Vergnügen, Sie einmal hier zu sehen."[22]

Mit „den verschiedenen Auffassungen über die lichtelektrischen Geschwindigkeiten", die Lenard hier erwähnt, sind folgende unterschiedliche Interpretationen gemeint. Einstein war Vertreter der sogenannten Lichtquantenhypothese, d.h. der Ansicht, daß ein Lichtquant jeweils ein Elektron auslöst. Die Energie hängt in diesem Falle von der Quantenenergie des Lichtes ab, sie ist also der Frequenz proportional ($E = h\nu$). Lenard war dagegen der Überzeugung, daß es sich beim lichtelektrischen Effekt um ein Resonanzphänomen handelt, für deren Deutung nur „die Annahme complicirter Bewegungsbedingungen der inneren Teile des Körpers" übrigbleibe und er vermutete, „daß die Anfangsgeschwindigkeiten der ausgestrahlten Quanten überhaupt nicht der Lichtenergie entstammen, sondern innerhalb der Atome schon vor der Belichtung vorhandenen heftigen Bewegungen, sodass die Resonanzbewegungen nur eine auslösende Rolle spielen".[23]

Schon bei diesem ersten Aufeinandertreffen unterschiedlicher fachlicher Standpunkte zwischen Einstein und Lenard zeigt sich ein Gegensatz im physikalischen Denken, der bei den folgenden Kontroversen um die Relativitätstheorie immer deutlicher wurde: Bei der Deutung neuer Phänomene, die sich klassisch nicht mehr ohne weiteres verstehen ließen, war Einstein viel eher bereit, traditionelle Vorstellungen aufzugeben, wenn dadurch eine einfachere Erklärung möglich wurde, während Lenard mehr dazu neigte, komplizierte, noch unerforschte, aber prinzipiell klassisch verstehbare Zusammenhänge zu vermuten. Er war so von der Gültigkeit klassischer Vorstellungen überzeugt, daß er versuchte, diese eher immer weiter zu ergänzen, zu variieren und ihre Gültigkeitsgrenze bis zum Äußersten auszudehnen, als sich zum Aufgeben eines klassischen Grundsatzes zu entschließen.

---

[22] Vgl. Anmerkung 2, S. 320/321.

[23] Lenard, Philipp: Über die lichtelektrische Wirkung. In: Annalen d. Physik, 4. Folge, Bd. 8 (1902), S. 149–198. Hier S. 170.

Zu diesem Zeitpunkt war das Verhältnis von Lenard und Einstein von gegenseitiger persönlicher und fachlicher Hochachtung .gekennzeichnet. Jeder empfand große Anerkennung vor den fachlichen Leistungen des anderen. Bei Lenard war diese Einstellung auch 1913 noch vorhanden. Als Pockels 1913 starb, schrieb er an Arnold Sommerfeld, daß er eine ordentliche Professur für Theoretische Physik in Heidelberg einrichten möchte, „wenn nur eine Persönlichkeit wie Einstein zur Verfügung stünde".[24]

Weitere, grundsätzlich unterschiedliche physikalische Vorstellungen zeigten sich 1910: Es begannen die Auseinandersetzungen um die Relativitätstheorie, zunächst um die spezielle Relativitätstheorie.

Um Lenards Standpunkt richtig einordnen zu könne, müssen wir etwas zurückgreifen: Lenard war einerseits in der Tradition der klassischen Physik fest verwurzelt, dazu gehörte die Vorstellung des Äthers als Träger aller elektrodynamischen Phänomene ebenso wie die Notwendigkeit einer mechanischen Naturerklärung. Seine Arbeit von 1889 bis 1894 als Assistent bei Heinrich Hertz in Bonn und vor allem die Beschäftigung mit dessen Mechanik hatten seine Überzeugung von der Wichtigkeit des Ätherbegriffes noch gefestigt. Andererseits führten seine eigenen Untersuchungen über Kathodenstrahlen zum Bruch mit klassischen Vorstellungen, nämlich mit der zweitausend Jahre alten Überzeugung von der massiven Struktur der Atome als Bausteine der Materie und seine Untersuchungen zum lichtelektrischen Effekt öffneten die Tür für eine neue Hypothese von der Natur des Lichtes. Er erkannte die Schwierigkeiten sehr genau, daß die klassische Äthervorstellung bei der Erklärung viele neuer physikalischer Entdeckungen versagte, aber er war davon überzeugt, daß eine Ergänzung oder Variation der Äthervorstellungen genügen würden, um auch die neuen Phänomene zu verstehen. Und er glaubte, durch ein neues Äthermodell einen Ausweg aus diesen Schwierigkeiten gefunden zu haben. Dabei ging er von zwei Überlegungen aus: einerseits von der durch seine eigenen Experimente gefundenen Erkenntnis vom elektrischen Aufbau der Materie, dargestellt in dem von ihm konstruierten Dynamidenmodell des Atoms, und andererseits von der Analogie zwischen dem Aufbau hydrodynamischer Bewegungsgleichungen und den Maxwellschen Gleichungen der Elektrodynamik, die sein norwegischer Freund Vilhelm Bjerknes (1862–1951) gefunden hatte. Bjerknes (Abb. 6) hatte ein Gleichungssystem für hydrodynamische – also für mechanische – Vorgänge entwickelt, das in seiner Form – bis auf ein Zusatzglied – mit dem System der Maxwellschen Gleichungen übereinstimmte. – Lenard und Bjerknes lernten sich in Bonn bei Heinrich Hertz kennen; es entstand eine enge, über Jahrzehnte dauernde Freundschaft zwischen beiden, die von 1896 bis 1926 ihren Niederschlag in einem umfangreichen Briefwechsel fand.[25]

---

[24] Brief von Philipp Lenard an Arnold Sommerfeld vom 4. 9. 1913 (Sommerfeld-Nachlaß im Deutschen Museum München).

[25] Vilhelm F. K. Bjerknes, geb. 16. 3. 1862 in Oslo, gest. 10. 4. 1951 in Oslo. Norwegischer Theoretischer Physiker, Meteorologe und Geophysiker. Er war 1890 Assistent bei Heinrich Hertz in Bonn. Seit 1895 Professor in Stockholm, seit 1907 in Oslo. Von 1913 bis 1917 Leiter des Geophysikalischen Institutes in Leipzig, von 1917 bis 1926 Professor in

Abb. 6. Vilhelm Friman Koren Bjerknes (Foto Deutsches Museum München. Bild Nr. 25388. Portraitsammlung des Deutschen Museums, 254/1

Lenard entwickelte aus diesen beiden Ansätzen ein hydrodynamisches Äthermodell, das auch die Möglichkeit bieten sollte, Phänomene zu erklären, die bisher keine klassische Deutung zugelassen hatten. Er trug seine Vorstellungen erstmals am 4. Juni 1910 in der Heidelberger Akademie der Wissenschaften unter dem Titel „Über Äther und Materie" vor, veröffentlichte diesen Vortrag in einer eigenen Schrift, von der bereits 1911 eine zweiten Auflage erschien.

Hier plädierte Lenard für die Beibehaltung der Äthervorstellung in der Physik und damit für eine mechanische Erklärung elektrodynamischer Vorgänge. Wenn man daran denkt, daß man sich in der 2. Hälfte des 19. Jahrhunderts in vielfältigster Weise vergeblich bemüht hatte, für die Elektrodynamik eine mechanische Erklärung zu finden und sich schließlich um die Jahrhundertwende damit abgefunden hatte, daß es dafür keine einheitliche mechanische Beschreibung gibt, und daß man zu der Überzeugung kam, daß die Teilchen der Mechanik und die Newtonschen Fernkräfte einerseits und die elektrischen und magnetischen Felder und die damit verbundenen Nahkräfte andererseits als die beiden unabhängigen Grundpfeiler der Physik betrachtet werden müssen, dann ist Lenards Vorschlag ein Rückschritt in alte, abgetane Gedankengänge und kein neuer Ansatz.

Bergen und wieder in Oslo. – Theoretische Arbeiten zur Hydrodynamik im Anschluß an Arbeiten seines Vaters Anton Bjerknes. Entwickelte neue Methoden der Meteorologie und Ozeanographie. Er führte das Millibar als Einheit des Luftdrucks ein, er gilt als Pionier der modernen Wettervorhersage.

Trotzdem zeigte er sich bei der Deutung neuer physikalischer Erkenntnisse durch sein Äthermodell vorurteilsfrei. Und er erkannte auch „diejenigen Tatsachen (...), welche man heute unter dem Namen des Relativitätsprinzips zusammenfasst“,[26] d.h. die spezielle Relativitätstheorie ohne weiteres an. Während das Axiom von der Lichtgeschwindigkeit als Grenzgeschwindigkeit von ihm vollkommen akzeptiert wurde, finden sich - in ausführlichen Fußnoten - schon erste Bedenken bei der Veränderung der Raum- und Zeitvorstellungen der speziellen Relativitätstheorie. Bemerkenswert ist, daß Einsteins Arbeiten in den Literaturangaben nicht auftreten, obwohl sie ihm bekannt waren. Die Schwierigkeiten, die für das klassische Äthermodell durch die modernen Entdeckungen der Physik um die Jahrhundertwende auftreten, sah Lenard sehr deutlich, aber er war überzeugt, daß diese durch Variationen des Äthermodells behoben werden könnten: „Ich glaube nicht, daß die Schwierigkeiten uns abhalten können, das vorhandene Bild weiter zu entwickeln und zu pflegen, - denn dann würden wir auf jedes solches Bild und die mechanische Begreifbarkeit der Natur überhaupt verzichten. Ich glaube nicht, daß dies geschehen wird, auch dann nicht, wenn wir, um die Mechanik des Äthers klar zu haben, hinter dem Äther und seinen Teilen noch einen anderen Äther sollten einführen müssen.“[27] Lenards Grundeinstellung drückt sich hier ganz klar aus: klassische, bewährte Einsichten müssen vielleicht ergänzt und erweitert werden, um sie der modernen Entwicklung anzupassen, aber sie dürfen auf keinen Fall aufgegeben werden. Aus Lenards Briefen an Bjerknes aus dieser Zeit wissen wir, wie sehr Lenard nach experimentellen Möglichkeiten gesucht hat, physikalische Eigenschaften des Äthers, z.B. seine Dichte oder seine Verteilung zu bestimmen. Ein kurzer Hinweis in der zweiten Auflage von „Über Äther und Materie“ macht drastisch deutlich, wie sehr er um eine solche Chance gerungen hat. Er gab noch in der zweiten Hälfte 1910 ausgerechnet Jakob Laub den Auftrag, elektrische und magnetische Versuche[28] für eine mögliche Dichtebestimmung des Äthers anzustellen. Für Laub, der voller Überzeugung auf dem Boden der speziellen Relativitätstheorie stand und damit die Existenz des Äthers für überflüssig hielt, war das einfach eine Zumutung! Über die Ergebnisse fügte Lenard 1911 in der zweiten Auflage hinzu: „(...) Die Resultate derselben waren durchaus negativ“, und in der dazugehörigen Fußnote ergänzte er: „Es gilt dies wenigsten soweit, als Herr J. Laub diese Versuche durchgeführt hat, worüber er selbst gesondert und ausführlich zu berichten dachte.“[29] Hinter diesem lapidaren Nebensatz verbirgt sich nicht nur ein Zerwürfnis zwischen dem jungen Assistenten und dem arrivierten Direktor des Institutes, sondern es zeigt sich auch die Kluft zwischen traditioneller, klassischer Physik und der neuen relativistischen

[26] Lenard, Philipp: Über Äther und Materie. In. Sitzungsberichte d. Heidelberger Akad. d. Wissenschaften, Jahrg. 1910, 16. Abh., S. 32.

[27] Siehe Anmerkung 25, S. 36.

[28] Die Briefe Lenards an Bjerknes enthalten genaue Planungen und Skizzen der Versuchsserien: Bei den Versuchen wurden ein starkes elektrisches und ein starkes magnetisches Feld - jeweils eins war homogen, das andere dagegen divergent - überlagert. In der Aufbauphase der Felder hoffte Lenard, „einen Ruck des Äthers“ nachweisen zu können.

[29] Lenard, Philipp: Über Äther und Materie. Heidelberg^2 1911, S. 26, Fußnote 2.

Sicht. Das Deutlichwerden dieses Paradigmenwechsels ist ein besonderer Aspekt Heidelberger Physikgeschichte aus dem Anfang des Jahrhunderts.

Als Einstein von Lenards Vortrag in der Akademie der Wissenschaften erfuhr, schrieb er an Laub, was er darüber dachte. Über den Mann, den er kurz vorher noch als Genie bezeichnet hatte, hieß es nun am 27. 8. 1910:

> „Lenard muß aber in vielen Dingen ‚sehr schief gewickelt' sein. Sein Vortrag von neulich über diese abstruse Ätherei erscheint mir fast infantil. Ferner die Untersuchung, die er Ihnen abgenötigt hat (Sommerfeld und Pockels haben mir davon erzählt) grenzt sehr ans Lächerliche. Es tut mir leid, dass Sie mit solchen Dummheiten Ihre Zeit verbringen müssen."[30]

Und in einem Brief vom 4. 11. 1910 fügte Einstein hinzu:

> „(...) Sodann der Schmerz wegen dem verrückten L.. Sie haben Recht, sich woanders umzuthun, und ich will Ihnen behilflich sein."[31]

Eine Woche später, am 11. 11. 1910 bekräftigte Einstein in einem Schreiben an Laub:

> „Das ist wirklich ein verdrehter Kerl, der Lenard! So ganz aus Galle und Intrigue zusammengesetzt. Aber Sie sind erheblich besser dran als er. Sie können von ihm weggehen, aber er muss mit dem Scheusal wirtschaften, bis er ins Gras beisst. Ich will nun thun, was ich kann, um Ihnen eine Assistentenstelle zu verschaffen."[32]

Mit „Intrigen" ist folgendes gemeint: Nachdem Laub Lenard gesagt hatte, daß er sich nach einer neue Stelle umsehen wolle, bestand Lenard darauf, daß er bei ihm seine Funktion als Assistent ausüben müsse, bis er definitiv eine neue Anstellung hätte und er ordnete an, daß sein Gehalt bis dahin von der Universitätskasse gesperrt würde.[33] Und schon wenige Tage später berichtete Einstein an Laub:

> „Ich habe an Lampa und Nernst geschrieben und habe einem mir sehr gut bekanntem Herrn, der sehr einflußreiche Verbindungen nach Chile hat und dorthin gestern abgereist ist, den Auftrag gegeben, Ihnen dort eine Stelle zu verschaffen. Lassen Sie Lenard ruhig schüfteln. Sie sind mit einem Fuß schon seiner Machtsphäre entronnen (...)."[34]

Zum Jahreswechsel 1910/11 drückte er seine Wünsche für Laub deutlich aus:

> „Ich wünsche Ihnen ein frohes neues Jahr, und dass Sie recht bald von Lenard loskommen."[35]

---

[30] Brief von Albert Einstein an Jakob Laub vom 27. 8. 1910. In: The collected papers of Albert Einstein. Vol. 5, Princeton 1993,Dok. Nr. 224, S. 253, 254.

[31] Brief von Albert Einstein an Jakob Laub vom 4.11.1910. In: The collected papers of Albert Einstien, Vol. 5, Princeton 1993, Dok. 231, S. 260–263.

[32] Brief von Albert Einstein an Jakob Laub. In: The collected papers of Albert Einstein. Vol. 5, Princeton 1993, Dok. 233, S. 263.

[33] Belegt durch einen Brief von Jakob Laub an Carl Seelig vom 11. 9. 1959. In: SzZE Bibliothek Zürich, Hs. 304:784.

[34] Brief von Albert Einstein an Jakob Laub vom 15. 11. 1910. In: The collected papers of Albert Einstein. Vol. 5, Princeton 1993, Dok. 234, S. 263.

[35] Brief von Albert Einstein an Jakob Laub vom 28. 12. 1910. In: The collected papers of Albert Einstein. Vol. 5, Princeton 1993 Dok. 241, S. 268–269.

Über die Spannungen zwischen Lenard und Laub erfahren wir noch von anderer Seite: In vielen - bisher unveröffentlichten - Briefen berichtete Lenard seinem Freund Vilhelm Bjerknes darüber. Die Briefe aus diesen Jahren beschäftigten sich immer wieder mit der von Bjerknes entwickelten Analogie zwischen den hydrodynamischen Bewegungsgleichungen und den Maxwellschen Gleichungen der Elektrodynamik. Durch die Interpretation eines Gleichungsgliedes, das in den Bjerknesschen Formeln vorkam, aber in dem Maxwellschen Gleichungssystem fehlte, hofften beide Forscher doch noch etwas über physikalische Eigenschaften des Äthers entnehmen zu können, und sie suchten intensiv, fast fanatisch, nach experimentellen Wegen, die Ätherdichte zu bestimmen. Kurz nachdem Laub seine Stelle in Heidelberg angetreten hatte, berichtete Lenard an Bjerknes:

> „Jedenfalls wird das neue Glied in der Gleichung mit aller Sorgfalt studiert, die ich nur beibringen kann. Ein Herr Laub soll nächstens einen besonderen Vortrag im Institut darüber halten. Dr. Laub ist sehr klug und ist der am meisten antimechanistisch veranlagte im Institut, weshalb ich ihn aussuchte, um ihn damit zu beschäftigen bis eventuell zur Widerlegung oder Bestätigung durch Versuche. Es geht alles aber freilich langsamer voran als man möchte, und ich werde mir noch mehrmals von ihm referieren lassen müssen, ehe ich überzeugt bin, er hat das Buch [gemeint ist: Bjerknes' Buch ‚Kraftfelder' von 1909][36] richtig verstanden."

Zu dieser Zeit schätzte Lenard seinen Assistenten sehr und er war in seiner Beurteilung für oder gegen den Äther auch völlig vorurteilsfrei: nach seiner Meinungen konnte die Entscheidung nur durch Experimente herbeigeführt werden. Schon in einem Brief vom 27. 10. 1909 erwog Lenard als Ausweg aus allen „Ätherschwierigkeiten" die Möglichkeit,

> „hinter dem Äther noch einen Metäther (so nenne ich ihn einmal) anzunehmen (in den Zwischenräumen des Äthers (...)"

und er betonte, daß die Arbeiten von Bjerknes

> „die einzigen sind, welche zusammen mit der Hertzschen Mechanik noch den Weg offen zeigen (zur Zeit) zu einer mechanischen Erklärung der Maxwellschen Gleichungen und damit zu der ganzen unbelebten Natur."[37]

Jakob Laub, der ja 1910 alle bekannten Versuche, durch die eine absolute Bewegung, d.h. ein Existenznachweis des Äthers, geliefert werden sollte und die alle erfolglos geblieben waren, zusammengestellt hatte, und der fest auf dem Boden der Einsteinschen speziellen Relativitätstheorie stand und damit von der Nichtexistenz des Äthers überzeugt war, wurde vom 2. Halbjahr 1910 bis zum Beginn 1911 von Lenard verpflichtet, Versuche zur Dichtebestimmung des Äthers zu machen! Das zusätzliche Glied in den Bjerknesschen Gleichungen war durch eine Überlagerung von Wirbeln und Strömungslinien der Flüssigkeit, d.h. in der analogen Übertragung für den Äther: durch Überlagerung von magnetischen und elektrischen Feldern entstanden. Und Lenard hoffte nun, durch den plötzlichen Aufbau und die Überlagerung von starken elektrischen und magnetischen Feldern die Ätherdichte „als einen Ruck" mit einem Galvanometer nachweisen zu

[36] Brief von Philipp Lenard an Vilhelm Bjerknes vom 9. 7. 1909.
[37] Brief von Philipp Lenard an Vilhelm Bjerknes vom 27. 10. 1909.

können.[38] Anfang Februar 1911 - auf jeden Fall aber vor dem 17. 2. 1911 - berichtete Lenard an Bjerknes, daß alle Versuche negativ verlaufen waren, er zweifelte aber, ob Laub die Gleichungen von Bjerknes immer richtig verstanden habe und bat Bjerknes um seine Meinung zu den Versuchsserien,

> „(...) da ich Herrn Laub zu dieser Sache mit viel Eifer veranlasst habe, er aber dermassen im Relativitätsprinzip gefangen ist, dass ich immer fürchte, es könnte nicht alles stimmen."[39]

In diesen Februartagen kam es zum Bruch zwischen Lenard und Laub. Denn schon am 17. 2. 1911 schrieb Lenard an seinen norwegischen Freund:

> „(...) Zuerst muss ich sagen, dass Herr Dr. Laub uns leider verlässt (er hat ein Lehramt in La Plata angetreten) ehe er mit noch feineren Galvanometern alles durchgeführt hat, wie wir es vorhatten. Ausserdem ist er (unter uns gesagt) ein unsauberer Experimentator, und ich muss mich in der Hauptsache auf die Beobachtungen verlassen, welche ich mit ihm zusammen gemacht habe. Dieselben waren aber, wie geschrieben, ganz deutlich und controlliert negativ."[40]

Die Antwort von Bjerknes ist nicht erhalten, wir können nur aus Lenards Reaktion schließen, daß Bjerknes Lenard vorgeworfen hat, daß die Bjerknesschen Gleichungen in Heidelberg nicht richtig verstanden worden seien. Denn Lenard redete sich in seiner Antwort vom 16. 3. 1911 ein wenig heraus:

> „(...) in Wirklichkeit habe ich aber die zugehörigen Überlegungen gar nicht durchgeführt, sondern Herrn Dr. Laub anemphohlen. (...) Ich hatte mir versprechen lassen, die genannte fertige Publikation[41] vor dem Druck noch zu sehen zu bekommen, da ich selber alles nachüberlege, bevor es aus dem Institut erscheint. Jedoch ist Dr. Laub plötzlich verschwunden, und so unterblieb meine Controlle."[42]

Von Laubs endgültiger Einstellung als Professor für theoretische Physik in La Plata erfahren wir schließlich aus einem Schreiben Einsteins an Laub im Sommer 1911:

> „Ich beeile mich, Ihren Brief zu erwidern, weil Ihre Ernennungsangelegenheit drängt. (...) Lenard und seine Genossen sind und bleiben abscheuliche Schweine."[43]

---

[38] Die verschiedenen Versuchsserien sind in den Briefen ausführlich beschrieben und durch Versuchsskizzen ergänzt. Lenard versuchte zunächst ein homogenes starkes elektrisches Feld mit einem starken divergenten magnetischen Feld zu überlagern, danach untersuchte er die Überlagerung eines divergenten elektrischen Feldes mit einem homogenen magnetischen Feld. Da für den Aufbau des elektrischen Feldes Zeit notwendig ist, erhoffte er einen meßbaren Effekt, der sich dem Äther zuschreiben lassen könnte. Die Versuche verliefen alle erfolglos.

[39] Brief von Philipp Lenard an Vilhelm Bjerknes, nur datiert mit „Februar".

[40] Brief von Philipp Lenard an Vilhelm Bjerknes vom 17. 2. 1911.

[41] gemeint ist die geplante Veröffentlichung von Laub über den Ausgang der Versuchsserien und die Interpretation der Versuchsergebnisse.

[42] Brief von Philipp Lenard an Vilhelm Bjerknes vom 16. 3. 1911.

[43] Brief von Albert Einstein an Jakob Laub vom 10. 8. 1911. In: The collected papers of Albert Einstein. Vol. 5, Princeton 1993, Dok. 256.

Worauf sich diese letzte Bemerkung bezieht, erklären unveröffentlichte Briefe von Friedrich Pockels an Jakob Laub vom Mai 1911 bis Juni 1912:[44] Laub hatte sich mit Pockels angefreundet und ihm auch von eigenen Versuchsergebnissen und Rechnungen erzählt. Pockels machte Laub darauf aufmerksam, daß von August Becker, einem älteren Assistenten Lenards, in einer Publikation[45] der Heidelberger Akademie der Wissenschaften Rechnungen von Laub benutzt worden seien, ohne Laub als Urheber zu nennen. Laub versuchte nun, ein Ehrengericht der Dozenten einzuberufen und Becker des unerlaubten Gebrauchs seiner Arbeit zu beschuldigen. Pockels riet in seinen Briefen Laub , der selbst kein Mitglied der Akademie war, von einem solchen Vorgehen ab. Es schien ihm von vornherein keinen Erfolg zu versprechen. Im Sitzungsbericht der Mathematisch-naturwissenschaftlichen Klasse der Heidelberger Akademie der Wissenschaften vom 4. 5. 1911 ist notiert: „Dr. Laub vorgelegt.“ Diese Notiz ist aber durchgestrichen. Den Vorsitz dieser Sitzung in der Akademie der Wissenschaften hatte Lenard. Weiter verfolgt wurde diese Angelegenheit offensichtlich nicht. Aus Briefen von Pockels erfahren wir nichts mehr darüber; er starb 1913.

In seinen Lebenserinnerungen[46] von 1943 erwähnt Lenard Jakob Laub überhaupt nicht. Das ist nicht sehr verwunderlich, wenn man bedenkt, daß selbst seine langjährigen Freunde, der Heidelberger Astronom Max Wolf (1863–1932) und Vilhelm Bjerknes nur wenige Male in ganz neutraler Weise genannt werden.

Blicken wir auf Lenards Schaffen in den Jahren vor dem Ersten Weltkrieg zurück, dann zeigen sich in seinen Veröffentlichungen keinerlei politische Tendenzen. Ein gewisser Chauvinismus macht sich nur in einer stärkeren Abneigung gegen Arbeiten englischer Physiker bemerkbar. Die Erfahrungen, daß J. J. Thomson nach dessen Entdeckung des Elektrons 1897 Lenards experimentelle Vorarbeiten für diese Untersuchungen - nach Lenards Meinung - nicht ausreichend gewürdigt hatte und ein unbefriedigender halbjähriger Aufenthalt Lenards in England waren sicher der Grund dafür. Lenards Eigenart, alle Arbeiten im Institut zu kontrollieren und den Mitarbeiten wenig Freiraum für eigene Ideen zu lassen, hatte mit politischen Dingen nichts zu tun. Von einer Abneigung Ausländern gegenüber war nichts zu spüren, ausländische Studenten und Mitarbeiter gingen im Institut aus und ein. Rassische Vorurteile gab es nicht: Jakob Laub war Jude, für die Auseinandersetzungen über den Äther und die spezielle Relativitätstheorie war das ohne jeden Belang.

---

[44] Briefe von Friedrich Pockels an Jakob Laub vom 24. 5. 1911 bis 8. 6. 1912. In: Handschriftenabteilung des Deutschen Museums München, 1961–15 bis 1961–20.

[45] August Becker: Über die Diffusion leuchtender Metalldämpfe in Flammen und über die Lichtemissionszentren dieser Dämpfe. Teil 1. Meßmethoden und deren Theorien. In: Sitzungsberichte der Heidelberger Akademie d. Wissenschaften, Math.-nat. Klasse, Jahrg. 1911, 7. Abh.

[46] Lenard, Philipp: Erinnerungen eines Naturwissenschaftlers, der Kaiserreich, Judenherrschaft und Hitler erlebt hat. 1943. Ein Typoskript der unveröffentlichten Lebenserinnerungen wurde im Physikalischen Institut der Universität Heidelberg anläßlich des 600jährigen Universitätsjubiläums erstellt.

Wenn wir Einstein und Lenard in diesen Jahren gegenüberstellen, dann zeigen sie sich zwar als Antipoden in der physikalischen Auffassung, aber nicht als Gegenpole in der Zeitgeschichte: Einstein, der sich selbst in seiner ersten wissenschaftlichen Veröffentlichung als Schüler 1895 mit Ätheruntersuchungen beschäftigt hatte,[47] brach mit dieser Vorstellung der klassischen Physik. Er wurde zum Pionier der modernen, mathematisch orientierten theoretischen Physik, die geprägt wurde von einem prinzipiellen, axiomatischen Denken. Lenard dagegen war tief in der Tradition der klassischen Physik verwurzelt, als Experimentalphysiker, dessen Arbeiten viele Beiträge zu den revolutionierenden Ergebnissen der modernen Physik geliefert hatten, blieb ihm die Entwicklung der neuen theoretischen Physik sehr fremd. Er hielt auch an der Überzeugung fest, daß die überkommenen klassischen Vorstellungen in der Lage sein würden, Erklärungen der neuen Phänomene zu liefern, wenn man sie nur entsprechend erweiterte oder variierte.

Erste Angriffe auf die allgemeine Relativitätstheorie

In den folgenden sechs Jahren gab es zwischen Einstein und Lenard keinen Kontakt. Lenard setzte seine zahlreichen experimentellen Vorhaben im neuen Physikalischen Institut fort und widmete sich zunehmend zusammenfassenden Darstellungen wie beispielsweise Handbuchartikeln u.a. Einstein, der 1909 seine Stelle am Berner Patentamt aufgegeben hatte, wurde 1911 Ordinarius in Prag und kam schließlich 1914 nach Berlin.[48] Die spezielle Relativitätstheorie war inzwischen in Fachkreisen allgemein bekannt und fand immer mehr Anerkennung.

1915/1916 veröffentlichte Einstein seine ersten Arbeiten zur allgemeinen Relativitätstheorie. Erst diese Arbeiten veranlaßten Lenard wieder , sich mit den von Einstein bearbeiten physikalischen Fragen und mit der Person Einsteins auseinanderzusetzen. Nach Lenards eigenen Angaben in den Zusätzen von 1940 zu den Wissenschaftlichen Abhandlungen, Band IV, wandte er sich nach 1915 wieder dem Themenkreis „Äther - Relativitätstheorie" zu.

Die erste von Lenard mitgetragene Attacke gegen die allgemeine Relativitätstheorie erfolgte im Jahr 1917. Eine experimentell nachprüfbare Folge[49] der Theorie war die Erklärung und quantitative Bestimmung der Perihelbewegung des Merkur. Ernst Gehrcke (1878-1961), von früh an ein vehementer Gegner der Re-

---

[47] Einstein, Albert: Über die Untersuchung des Aetherzustandes im magnetischen Feld. Diese erste wissenschaftliche Arbeit schickte Einstein 1895 an seinen Onkel Caesar Koch in Brüssel. Sie wurde aufgefunden von Dr. Jagdish Mehra (Austin, Texas) und veröffentlicht in: Physikalische Blätter 27, 1971, S. 385-391.

[48] An die Preußische Akademie der Wissenschaften.

[49] Zu den möglichen experimentell nachprüfbaren Ergebnissen der allgemeinen Relativitätstheorie gehörten neben der Perihelbewegung des Merkur die Lichtstrahlkrümmung in der Nähe großer Massen und die Rotverschiebung der Spektrallinien.

lativitätstheorien,[50] entdeckte, daß schon 1898 von Paul Gerber in der „Zeitschrift für Mathematik und Physik" eine Formel für die Perihelbewegung des Merkur angegeben worden war. Eine weitere Abhandlung Gerbers, in der die Merkurbewegung mit der auch von Einstein auftretenden Annahme verknüpft wird, daß sich nämlich die Gravitation mit Lichtgeschwindigkeit ausbreitet, war 1902 als „Programmschrift des städtischen Realgymnasiums in Stargard in Pommern" erschienen. Gehrcke veranlaßte nun, daß diese Arbeit 1917 in den Annalen der Physik" nachgedruckt wurde. Damit sollte Einstein der Prioritätsanspruch auf die Erklärung der Perihelbewegung streitig gemacht werden. – Es war der erste von mehreren Plagiatsvorwürfen, die gegen Einstein in den kommenden Jahren aus den Reihen der Gegner der allgemeinen Relativitätstheorie vorgebracht wurden. Gehrcke wollte vor allem zeigen, daß die Perihelbewegung auch ohne Hilfe der Relativitätstheorie erklärt werden kann.

Die Rolle, die Lenard beim Nachdruck der Gerberschen Arbeit spielte, geht aus seinem Briefwechsel mit Johannes Stark (1874–1957) hervor. Am 10. Juli 1917 schrieb er an Stark, den Herausgeber des „Jahrbuches für Radioaktivität und Elektronik":

> „Gleichzeitig möchte ich anfragen, ob ein kleiner Originalbeitrag von mir zum Jahrbuch (weniger als 1 Bogen), über Äther und Gravitation handelnd (im Anschluss an die Gerbersche Arbeit, die auf meine Mitveranlassung hin in den Annalen erschienen ist) baldige Aufnahme finden könnte?"[51]

Stark antwortete am 14. 7. 1917:

> „Ihre Studie über Äther und Gravitation werde ich gerne in das von mir herausgegebene Jahrbuch aufnehmen. Und zwar will ich sie noch in das 4. Heft dieses Jahrganges einschieben.(...) Daß Sie die Aufnahme der Gerberschen Arbeit in die Annalen mitveranlaßt haben, finde ich verdienstlich. Sie ist physikalisch gut gedacht und ist mir sympathischer als so manche theoretische Arbeit unserer Tage, welche mit einer Art didaktisch-mathematischer Zauberei die Lösung schwieriger physikalischer Probleme erfolgreich vortäuscht."[52]

Zwei Tage später, am 16. 7. 1917 bedankte sich Lenard, daß Stark seinen Beitrag für das „Jahrbuch" angenommen hatte und erläuterte noch einmal, was er mit dieser Veröffentlichung bewirken wollte:

> „Ich glaube darin 1. Dem Äther, 2. P. Gerber ein wenig zu seinem Rechte verholfen zu haben, 3. dem allg[emeinen] Rel[ativitäts-] P[rinzip] seinen Pferdefuß gezeigt zu haben, den es aber ablegen kann, 4. Eine Äther-Erklärung der Gravitation gegeben zu haben, die mir gut scheint, da sie so einfach, wie von selber, zu allem passt."[53]

---

[50] Er wandte sich bereits 1912 in der von ihm herausgegebenen Ausgabe von Paul Drudes „Optik" gegen die spezielle Relativitätstheorie und bezeichnete sie schon damals als „Massensuggestion". In: Gehrcke, Ernst (Hrsg.): Lehrbuch der Optik von Paul Drude. 3. Erweiterte Auflage. Leipzig 1912, S. 470.

[51] Siehe Anm.2, S. 323.

[52] Siehe Anm.2, S. 323.

[53] Siehe Anm. 2, S. 323.

Nun passierte etwas, mit dem Lenard nicht gerechnet hatte: Im folgenden Band der „Annalen der Physik“ erschienen gleich zwei vernichtende Kritiken der Gerberschen Veröffentlichung durch den Astronomen Hugo Seeliger und durch Max von Laue, in denen Gerber mathematische Fehler nachgewiesen werden.[54]Lenard reagierte sofort: er ersuchte Stark in einem Telegramm, seinen Beitrag zunächst zurückzuhalten. Die Erklärung gab er in einem Brief vom 20. Oktober 1917:

> „Ich müsste nach jener Mitteilung v[on] Seeliger nun entweder dieselbe entkräften, oder müsste aus meinem Beitrag Gerbers Lob streichen. Zu ersterem mangelt mir im Augenblick die Zeit, da ich tief in anderer Arbeit stecke, zu letzterem entschliesse ich mich nicht ohne Weiteres. Es wird also mein Beitrag jetzt liegen bleiben müssen, bis ich weiter disponiere, und ich hoffe auf Ihre Zustimmung hierzu. Es scheint übrigens doch von vornherein, dass Gerbers Arbeit nicht ernstlich falsch sein kann; denn die Ausbreitung der Grav[itation] mit Lichtgeschwindigkeit ist heutzutage doch wohl wegen des Rel[ativitäts-] Principes (in seiner ursprünglichen, wohl unzweifelhaft giltigen Form) nicht zu bezweifeln.“[55]

Bemerkenswert ist, daß Lenard zu diesem Zeitpunkt gegen die spezielle Relativitätstheorie, „das Relativitätsprincip in seiner ursprünglichen (...) Form“ noch keine Bedenken hatte. Seine Einwände galten nur der allgemeinen Relativitätstheorie. Aber das sollte sich ändern.[56]

Am 9. Februar 1918 schickte Lenard sein überarbeitetes Manuskript an Stark. Gerbers Lob sei, wie er anmerkte, zwar nicht ganz verschwunden, aber es sei eingeschränkt worden. Der Artikel erschien unter dem Titel „Über Relativitätsprinzip, Äther, Gravitation“ im Band 15 (1918) des „Jahrbuches“.[57] Ebenso wie der Aufsatz „Über Äther und Materie“ aus dem Jahr 1910 ist auch der neue Artikel frei von jeder Polemik. Der speziellen Relativitätstheorie stimmt Lenard uneingeschränkt zu. Er vergleicht sie in ihrer Bedeutung mit dem Energiesatz und nennt sie ein allgemeingültiges Prinzip, „das nun umgekehrt zu Schlüssen und Voraussagen mit Vertrauen benutzbar sei“.[58] Die allgemeine Relativitätstheorie lehnt Lenard in dieser Arbeit auch nicht vollständig ab, sondern er möchte sie nur einschränken: nach seiner Meinung gilt sie nicht für alle Beschleunigungen, sondern nur für solche, die massenabhängig sind, sich also durch das Gravitationsfeld ergeben. Er formuliert diese Einschränkung so:

> „Das Prinzip muß seine *Allgemeingültigkeit aufgeben* und nicht mehr die ‚Relativität‘ aller Bewegungen behaupten, sondern sie auf solche Bewegungen beschränken, welche unter dem Einfluß *massenproportionaler Kräfte*, wie es die Gravitation ist, vor sich gehen.“[59]

---

[54] Seeliger, Hugo: Bemerkung zu P. Gerbers Aufsatz:“ Fortpflanzungsgeschwindigkeit der Gravitation“. In: Annalen d. Physik, 4. Folge, 52 (1917), S. 31-32; Max von Laue: Die Fortpflanzungsgeschwindigkeit der Gravitation. Bemerkungen zur gleichnamigen Abhandlung von P. Gerber. In: Annalen d. Physik, 4. Folge, 52 (1917), S. 214-216.

[55] Siehe Anm. 2, S. 324.

[56] Lenards erste ablehnende Äußerung gegenüber der speziellen Relativitätstheorie findet sich in dem Artikel „Über Äther und Uräther“. In: Jahrbuch der Radioaktivität und Elektronik. 17 (1920), S. 307-356. Hier S. 309.

[57] Lenard, Philipp: Über Relativitätsprinzip, Äther, Gravitation. In: Jahrbuch der Radioaktivität und Elektronik 15 (1918), S. 117-136.

[58] Siehe Anmerkung 57, S. 120.

[59] Siehe Anmerkung 57, S. 124.

Noch im gleichen Jahr antwortete Einstein in einem „Dialog über die Einwände gegen die Relativitätstheorie“[60] auf Lenards Kritik. Um die beiden unterschiedlichen Positionen klar hervortreten zu lassen, wählte Einstein die Form des Dialoges zwischen einem „Kritikus“ und einem „Relativisten“, einem Befürworter der Relativitätstheorie. Die Standpunkte Einsteins und Lenards werden in dieser Arbeit in einer Klarheit, Ausgewogenheit und literarischen Eleganz formuliert, wie sie in keiner der späteren Veröffentlichungen wieder erreicht worden sind.

Lenard reagierte zwei Jahre später in einer neuen Auflage des Artikels von 1918, der jetzt als selbständige Veröffentlichung herauskam. Deutlich zeigt sich hier die unüberbrückbare Unterschiedlichkeit der Einstellungen: „Was Herrn Einsteins durch einen ‚Relativisten‘ erfolgte Äußerung zum Vorliegenden betrifft“, so schreibt Lenard, „so war und ist sie nicht überzeugend für mich, bzw. sie berührt gewisse Hauptpunkte zu wenig oder gar nicht.“[61] Aber trotzdem versuchte er - in einer Fußnote - eine Brücke zu bauen: „Sollte das Unbefriedigende der Äußerung nur daher kommen - was möglich ist - daß sie durch einen ‚Relativisten‘ erfolgt ist (...), der es [das Prinzip] in möglichst günstigem Licht erscheinen lassen will, so müßte die Zukunft das bessern können.“[62]

Auch in dieser Neuauflage hält Lenard - wie schon in der Arbeit von 1910 - am Ätherkonzept fest, erkennt aber die allgemeine Relativitätstheorie mit der Beschränkung auf massenproportionale Kräfte an. Neu ist, daß er die Notwendigkeit der Anschaulichkeit und der Einsicht für den „einfachen, gesunden Menschenverstand“[63] hervorhebt, ein Gesichtspunkt, der von dieser Zeit an immer wieder von Lenard ins Feld geführt wird. Die Arbeit enthält noch einen ersten Entwurf eines Gravitationsmodells auf Grund seiner Äthervorstellungen und eine eingehende Kritik der Zeit- und Raumvorstellungen der allgemeinen Relativitätstheorie. Der Ton des Aufsatzes ist zwar aggressiver als in früheren Veröffentlichungen, aber völlig sachlich. Erst handschriftliche Ergänzungen Lenards zu dieser Neuauflage aus den Jahren 1939/40 enthalten polemische, antisemitische Angriffe.

Die in Diskussionen um die Relativitätstheorie vorgebrachten Argumente von Lenard und Einstein sind aus der Literatur hinreichend bekannt, so daß sie hier nicht ausgeführt werden müssen. Nur auf einen Schwerpunkt der Auseinandersetzungen soll hingewiesen werden, der deutlich macht, daß die physikalischen Grundpositionen beider so unterschiedlich sind, daß keine Verständigung möglich scheint: Lenards immer wieder ausgesprochenen Einwände gegen die allgemeine Relativitätstheorie waren die mit dieser verbundenen „Zumutungen an den einfachen Verstand“, daß sich nämlich kein einziges Beispiel von den Folgen der Theorie nennen ließ, das diesem einfachen Verstand einleuchtet. Zur Veran-

---

60 Einstein, Albert: Dialog über die Einwände gegen die Relativitätstheorie. In: Die Naturwissenschaften 6 (1918), S. 697–702.

61 Lenard, Philipp: Über Relativitätsprinzip, Äther, Gravitation. Leipzig , 3.Auflage 1921, Vorwort zur 2. Auflage, S. 9.

62 Sieh Anm. 59, Fußnote auf S. 9.

63 Unter dem „gesunden, einfachen Menschenverstand“ versteht Lenard einen naturwissenschaftlich geschulten Verstand, der auf dem neuesten Stand fachlichen Wissens ist.

schaulichkeit der Überlegungen über ungleichförmige Bewegungen benutzten sowohl Lenard wie auch Einstein mit Vorliebe die Beobachtungen beim plötzlichen Bremsen eines Eisenbahnzuges:

Während Einstein auf Grund der allgemeinen Relativitätstheorie der Meinung ist, daß Bezugssysteme, die sich ungleichförmig gegeneinander bewegen, *im Prinzip* alle gleichwertig sind und daß man sich nach Prüfung der mathematischen Zulässigkeit und Zweckmäßigkeit für das eine oder andere Bezugssystem entscheiden muß, will Lenard „als Naturforscher nicht mathematische Zulässigkeit und Zweckmäßigkeit untersuchen", sondern überläßt dem „einfachen gesunden Menschenverstand" die Entscheidung, welches der Bezugssysteme auszuwählen ist. Ein Verständnis der begrifflich-prinzipiellen Auffassung Einsteins war Lenard nicht möglich. So kam es, daß Lenard klagte, daß Einstein auf seine Einwände kaum oder nur ungenügend eingegangen sei. Hermann Weyl schrieb daher im Oktober 1920 sehr hart: „Man muß einfach konstatieren, daß Lenard den Sinn der Einsteinschen Lehre nicht erfaßt."[64]

Auf Lenards Artikel von 1920 antwortete Einstein nicht mehr mit weiteren Veröffentlichungen.

Anti-Einstein-Kampagne 1920

Der endgültige Bruch zwischen Lenard und Einstein zeichnete sich im August 1920 ab, als die Hetze gegen Einstein in Berlin einen ersten Höhepunkt erreichte. Diese Ereignisse sind in den letzten Jahren in der Literatur öfter angesprochen worden,[65] so daß hier eine kurze Skizze genügt.

Die emotionale Explosivität in den Auseinandersetzungen um die Relativitätstheorie läßt sich nur vor dem Hintergrund der damaligen politischen Situation in Deutschland verstehen: Der Erste Weltkrieg war verloren, Deutschland hatte ungefähr ein Sechstel seines Reichsgebietes abgeben müssen. Die Folgen des Versailler Vertrages waren für die Wirtschaft des Landes verheerend, es herrschten Arbeitslosigkeit, Inflation, Armut und Hungersnot. Streiks und zunehmende Gewaltbereitschaft waren die Folge. Der Kapp-Putsch im März 1920 war nur ein Zeichen dafür. Fassungslos registrierte man das verlorene Ansehen Deutschlands in der Welt und den Zusammenbruch der Monarchie. Die neue Regierung vertrat eine „ungeliebte Republik", die tragenden Schichten des früheren Regimes waren ihre ausgesprochenen Gegner, aber auch die bürgerliche Mittelschicht, zu der auch die Universitäten und Hochschule gehörten, verhielten sich ihr gegenüber fast geschlossen ablehnend. Diese Stimmung bestimmte den Ausgang der Reichstagswahlen am 6. Juni 1920: die Deutsch-Nationalen erreichten 50% aller Stimmen. Für all diese widrigen Umstände suchte man nach einer Ursache, nach einem Schuldigen. In den Juden war bald ein Sündenbock gefunden. Der schon seit dem 19. Jahrhundert in ganz Europa schwelende Antisemitismus wurde nun öffentlich artikuliert.

---

[64] Weyl, Hermann. In: Umschau Nr. 42 (24) vom 23. Oktober 1920.

[65] Vor allem in mehreren Arbeiten von Andreas Kleinert, Hubert Goenner, Stephen Richter u.a. und in den Einsteinbiographien von Armin Hermann und Albrecht Fölsing.

Die Jahre nach dem Ersten Weltkrieg waren nicht nur Umbruchzeiten in Wirtschaft und Politik sondern auch in Kultur und Wissenschaft. Alte Traditionen wurden abgelöst und neue Wege gesucht. In der Physik setzten die Relativitätstheorie und Quantentheorie neue Akzente, die theoretische Physik mit der Anwendung neuer mathematischer Methoden bekam ein größeres Gewicht neben der Experimentalphysik als früher. Für die deutschen Naturwissenschaftler waren diese Jahre eine Zeit der Isolation: sie waren nach Kriegsende von allen internationalen Tagungen und Kongressen ausgeschlossen und so von der Entwicklung ihres Faches in anderen Ländern abgeschnitten.

In dieser dunklen Zeit der Depression und Ausgrenzung erschienen 1919 die Berichte von den beiden britischen Sonnenfinsternisexpeditionen, bei denen die Lichtablenkung in der Nähe großer Massen als eine Folge der allgemeinen Relativitätstheorie geprüft werden sollte. Die Beobachtungen bestätigten die Ergebnisse der Theorie. Diese Nachricht war eine Sensation, in Deutschland wurde diese Bestätigung einer revolutionären Theorie eines Gelehrten aus Deutschland mit besonderer Genugtuung aufgenommen. Es entstand eine Flut von Veröffentlichungen aller Art, Einstein wurde im Verlauf weniger Monate zu einer Weltberühmtheit.

Durch den Krieg und die ersten Jahre der Weimarer Republik hatte sich bei Lenard und bei Einstein eine ausgeprägte politische Einstellung herauskristallisiert, die sie beide bald immer markanter zu Antipoden der Zeitgeschichte machte:

Einstein war 41 Jahre alt und stand im Zenit seines wissenschaftlichen Ruhmes. Er war Jude. Als überzeugter Pazifist war ihm alles Militärische - schon von seiner Jugend an - verhaßt. Dadurch entstanden bereits zu Beginn des Ersten Weltkrieges Spannungen zu vielen seiner Kollegen, die zunächst den Ausbruch des Krieges begeistert bejaht hatten. Er war durch und durch Demokrat und Weltbürger, nationale Einengung war ihm fremd. Unterstrichen wurde diese Weite der Lebensauffassung durch seine humorvolle und bescheidene Art, mit anderen Menschen umzugehen; saloppe Kleidung und ein ungezwungener Umgangston zeigten seine Abneigung gegen Zwänge der Etikette.

Lenard war bereits 58 Jahre alt, die allgemeine Anerkennung seiner großen experimentellen Leistungen war bei weitem nicht mehr so groß wie zu Anfang des Jahrhunderts. Als gebürtiger Ungar hatte er schon in seiner Studentenzeit Deutschland als sein neues Vaterland angenommen und sich mit ihm und seiner monarchistischen Staatsform identifiziert. Sein Nationalstolz verengte sich durch die Kriegserlebnisse und den Kriegsausgang zu einem ausgeprägten Chauvinismus, der für völkische, rassistische und später antisemitische Ideen offen war. Seine feindselige Haltung gegenüber den Engländern sprach er schon aus in seiner Schrift: „Ideelle Kontinentalsperre" (1914). Den demokratischen Grundgedanken der Weimarer Republik stand er als überzeugter Monarchist ablehnend gegenüber. Das Institut leitete er in sehr autoritärer Weise, Arbeitsthemen und Ausrichtung der Forschung im Institut wurden ausschließlich von ihm festgelegt, den Mitarbeitern blieb wenig Raum für eigene Forschungswege. Eine distanzierte, sehr auf äußere Formen und Titel bedachte Umgangsart prägte das Verhältnis zwischen Lenard, Kollegen und Studenten.

Um die Gegensätze zwischen Lenard und Einstein markant auszusprechen, sind die persönlichen Züge sehr einseitig geschildert worden, denn natürlich finden sich auch weniger sympathische Charakterzüge bei Einstein und positive Seiten bei Lenard - wie zum Beispiel seine Hilfsbereitschaft.

Neben einer emotionalen Abneigung gegen die allgemeine Relativitätstheorie, die mit dem wissenschaftlichen Inhalt der Theorie überhaupt nichts zu tun hatte, gab es eine Reihe wissenschaftlicher Argumente gegen die Relativitätstheorien, die nicht nur Lenard sondern auch eine Reihe anderer anerkannter Physiker wie Ernst Wiechert, Oliver Lodge u.a., vorbrachten. Zusammengefaßt waren es folgende Entgegnungen:

- Die Relativitätstheorie ist eine mathematische und keine physikalische Theorie.
- Die Theorie ist bei weitem noch nicht experimentell abgesichert, die Meßergebnisse der Sonnenfinsternisexpeditionen lassen noch andere Deutungen zu.
- Das Ätherkonzept, das über viele Jahrhunderte als Erklärungsbasis vieler physikalischer Phänomene gedient hat, darf nicht aufgegeben werden.
- Das Relativitätsprinzip ist nur für massenabhängige Bewegungen gültig.
- Die Relativitätstheorie widerspricht den fundamentalen Vorstellungen über Raum und Zeit: der euklidische Raum und die üblichen Zeitvorstellungen müssen verbindlich bleiben.

Speziell bei Lenard kamen dann doch noch die Bedeutung der Anschaulichkeit in einer Theorie und die entscheidende Rolle des „gesunden Menschenverstandes" hinzu.

In dieser zeitgeschichtlich und wissenschaftlich umrissenen Situation um die Relativitätstheorie, und in der skizzierten Lebenssituation von Lenard und Einstein zeichnete sich seit dem 24. August 1920 im Verhältnis der beiden Gelehrten eine Wende ab.

Bei einer Veranstaltung an diesem Tage in der Philharmonie, dem größten Versammlungssaal in Berlin, erreichte die Hetze gegen die allgemeine Relativitätstheorie und gegen Einstein einen ersten Höhepunkt. Über dieses Ereignis ist in der Literatur verschiedentlich berichtet worden,[66] so daß es genügt, die Vorgänge hier nur kurz anzudeuten und vor allem die Rolle Lenards in dieser Anti-Einstein-Kampagne[67] deutlich zu machen.

Die Veranstaltung wurde getragen von einer „Arbeitsgemeinschaft deutscher Naturforscher zur Erhaltung reiner Wissenschaft e.V.". Ihr Organisator war ein Paul Weyland (1888-1972), der weithin unbekannt war. Er selbst führte sich als Experte für Relativitätstheorie ein, entpuppte sich später als Scharlatan und

---

[66] Vgl. Anm. 53.

[67] Vgl. Goenner, Hubert:The Reaction to Relativity Theory I: The Anti-Einstein Campaign in Germany 1920. In: Beller, Maria/ Renn, Jürgen Cohen, Robert (Eds): Einstein in Context. Cambridge 1994. - Aus seinen Untersuchungen zieht Hubert Goenner den Schluß, daß die Kampagne aus rein politischen Gründen initiiert worden ist mit dem alleinigen Ziel, antisemitische Parolen öffentlich aussprechen zu können. Das Thema der Relativitätstheorie diente nach Goenners Meinung lediglich als Vehikel, eine ernsthafte Auseinandersetzung über die Relativitätstheorie war nicht der Sinn dieser Veranstaltung.

Blender.[68] Weyland bereitete den Vortragsabend durch mehrere polemische Zeitungsartikel vor. So beschrieb er am 6. 8. 1920 in der „Täglichen Rundschau" die Relativitätstheorie als große Irreführung und verunglimpfte Einstein als Plagiator. Lenard und Gehrcke führte er hierbei als Kronzeugen an. Nach einer Erwiderung durch Max von Laue forderte Weyland diesen auf,[69] sich in der Veranstaltung in der Philharmonie öffentlich mit Lenard und Gehrcke auseinanderzusetzen. Am Vortragsabend selbst spickte Weyland seine Einführungsrede wieder mit ähnlichen Vorwürfen: Er verurteilte die „Einsteinsche Jubelpresse" und prangerte die Relativitätstheorie als Irreführung der Öffentlichkeit an. Auch in dieser Rede verwies er wieder auf Lenard als Gewährsmann. Im Foyer des Saales wurde außerdem auf Veranlassung von Weyland die zweite Auflage von Lenards Schrift „Über Relativität, Äther, Gravitation" zum Preis von 6 Mark angeboten. - Weyland pries Lenards Schrift an und unterbrach extra seine Rede für eine Viertelstunde, um allen Anwesenden die Möglichkeit zu geben, die Schrift zu kaufen. - Da Weyland obendrein auch noch in einem Programm für weitere Veranstaltungen[70] zur Relativitätstheorie einen Vortrag von Lenard in Aussicht stellte, mußte bei allen Zuhörern der Eindruck entstehen, als sei Lenard das Zentrum aller Opposition gegen die Relativitätstheorie. Oft wird in der Literatur betont, daß Lenard durch Weylands Einführung auch als Mittelpunkt antisemitischer Angriffe gesehen wurde. In Weylands Vortrag „Betrachtungen über die Einsteinsche Relativitätstheorie und die Art ihrer Einführung"[71] gibt es aber nur eine Stelle aus Lenards Arbeit mit rassistischem Anstrich. Sie findet sich in einer Fußnote, in der Lenard die rücksichtslose Formulierung von Hypothesen zu „Ungunsten der gediegenen Wissenschaftsliteratur"[72] als eine undeutsche Eigenschaft anprangert. Ob von Weyland am Rande der Veranstaltung antisemitische Bemerkungen gefallen sind, ist nicht bekannt. Unterschwellig wird die Veranstaltung sicher von dem schwelenden Antisemitismus in Berlin geprägt gewesen sein. Aber von Lenard gab es zu diesem Zeitpunkt keine öffentlichen antisemitischen Anwürfe gegen Einstein, sie spielten bei seiner skeptischen Haltung gegenüber der Relativitätstheorie noch keine Rolle. Zu einer unüberbrückbaren Gegnerschaft gegenüber der Relativitätstheorie und zu einer tiefen Feindschaft mit Einstein sollte es erst durch Ereignisse im September 1920 kommen.

Bei der Veranstaltung in der Philharmonie saß Einstein mit seiner Stieftochter in einer Loge. Durch die Umstände der Veranstaltung, die Ausführungen und die

---

68 Kleinert, Andreas: Paul Weyland, der Einstein-Töter. In: Albrecht, Helmuth: Naturwissenschaften und Technik in der Geschichte. Stuttgart 1993, S. 199–232.

69 Artikel in der „Täglichen Rundschau" vom 14. 8. 1920 und 16. 8. 1920.

70 Vorgesehen waren 20 Vorträge, unter anderem von Max Wolf, Ludwig Glaser, Lenard u.a.

71 In: Schriften aus dem Verlag der Arbeitsgemeinschaft deutscher Naturforscher zur Erhaltung reiner Wissenschaft. Berlin 1920, Heft 2.

72 Text der Fußnote: Je kühner ein Naturforscher sich gezeigt hat in der Bildung von Hypothesen, desto mehr Stellen finden sich im allgemeinen in seinen Veröffentlichungen, die nicht dauernd standhalten; (...) Manchmal scheint die Naturforschern zugeschriebene „Kühnheit" wirklich darin zu bestehen, daß ziemlich skrupellos zu Ungunsten der gediegenen Wissenschaftsliteratur von vornherein auf eigene Schadlosigkeit gerechnet wird. Deutsche Eigenschaft ist *diese* Kühnheit nicht.

Tonart von Weylands Rede fühlte sich Einstein so provoziert und angegriffen, daß er in einem berühmten Zeitungsartikel im „Berliner Tageblatt“ vom 27. 8. 1920 reagierte und Lenard darin scharf attackierte und verletzte. Von Lenard war bis dahin kein persönlicher Angriff Einsteins erfolgt. Unter der Überschrift „Meine Antwort“ schrieb Einstein u.a.

> „Als ausgesprochenen Gegner der Relativitätstheorie wüßte ich von den Physikern von internationaler Bedeutung nur Lenard zu nennen. (...) Ich bewundere Lenard als Meister der Experimentalphysik; in der theoretischen Physik aber hat er noch nichts geleistet, und seine Einwände gegen die allgemeine Relativitätstheorie sind von solcher Oberflächlichkeit, daß ich es bis jetzt nicht für nötig erachtet habe, ausführlich auf dieselben einzugehen.“[73]

Die erhaltenen Briefe von Lenard und an Lenard aus dieser Zeit legen bereits nahe, daß er zu Unrecht mit Weylands Aktionen in Verbindung gebracht worden ist. Weyland hatte die Absicht, in Berlin einen Zyklus von 20 Vorträgen gegen die Relativitätstheorie durchzuführen. Neben Lummer, Glaser, Max Wolf, Palagyi und Krauss u.a. wurde auch Lenard als Vortragender genannt. Im Rahmen von Weylands Kampagne hat von den hier Genannten nur Ludwig Glaser wirklich einen Vortrag gehalten. Wir wissen, daß Max Wolf ohne sein Zutun auf diese Vortragsliste gesetzt worden ist, denn er schrieb am 30. 8. 1920 an Einstein: „Ich habe dem Herrn Weyland keinen Vortrag zugesichert und bin deshalb entsetzt, meinen Namen auf der Vortragsliste zu finden“, und er fügte hinzu, daß er Weylands Vorgehen auf das schärfste verurteile.[74] Wie die Namen von Lummer und Palagyi auf die Liste kamen ist nicht bekannt, Krauss hatte wohl einen Vortrag zugesagt, später aber seine Zusage wieder zurückgenommen.

Weyland hatte am 1.August 1920 Lenard in Heidelberg besucht, in einem Brief Lenards vom 2. 8.1920 an Johannes Stark erfahren wir Näheres darüber:

> „Herr Weyland - sehr begeistert in unserer Richtung, zur Bekämpfung undeutscher Einflüsse - war gestern bei mir und will einen Verein ‚Arbeitsgemeinschaft deutscher Naturforscher zur Erhaltung reiner Wissenschaft‘ gründen. Ich habe ihm geraten, vor Allem mit Ihnen sich in Verbindung zu setzen, damit nicht unnötig viele Neugründungen stattfinden und keine Zersplitterung unsere Nauheimer Absichten hindert.“[75]

Von einem Vortrag Lenards in Weylands Programm ist in diesem Brief nicht die Rede. Selbst Ernst Gehrcke, der einzige Physiker, der sich Weyland 1920 zur Verfügung stellte, hat sich bald von ihm distanziert. Er bezeichnete in einem Brief an Lenard vom 3. 2. 1921 Weyland als „eine der vielen zweifelhaften Typen, die die revolutionäre, nachkriegerische Großstadt hervorgebracht hat“.[76] Diese Bemerkung Gehrckes kommentierte Lenard mit der handschriftlichen Notiz: „Weyland hat sich leider wirklich als Schwindler herausgestellt! Daher wollte

[73] Berliner Tageblatt, Morgenausgabe vom 27. 8. 1920.

[74] Siehe Anm. 2, S. 327.

[75] Siehe Anm. 2, S. 237. Mit den Nauheimer Absichten sind die Vorschläge von Lenard und Stark zur Reform der „Deutschen Physikalischen Gesellschaft“ gemeint.

[76] Siehe Anm. 2, S. 327.

man mir auch unterschieben, ich hätte ihm einen Vortrag zugesagt."[77] - Aus Briefen von Svante Arrhenius an Lenard wissen wir, daß sich Weyland in sehr dubioser Weise an Wissenschaftler in Skandinavien gewandt hat, um gegen Einstein und die Relativitätstheorie zu intrigieren.[78]

Lenard war durch Einsteins Artikel nicht nur brüskiert, sondern tief verletzt. Da er gerade Urlaub im Schwarzwald machte, erfuhr er von den Berliner Vorgängen zuerst durch einen Brief von Stark, der ihm am 29. 8. 1920 schrieb:

> „Von dem Einstein-Skandal, der sich in der letzten Zeit in Berlin und in der dortigen Presse (Berliner Tageblatt) abgespielt hat, werden Sie sicher gelesen haben. Einstein hat Ihnen jede theoretische Leistung ab- und dafür Oberflächlichkeit zugesprochen."[79]

Als Lenard aus dem Urlaub zurückkam, fand er Einsteins Artikel in seiner Post vor. Gehrcke hatte ihn nach Heidelberg geschickt. Seine Reaktion zeigt sich sehr deutlich in dem Brief Lenards an Stark vom 8. 9. 1920:

> „(...) Ich bin erstaunt über das *persönliche* Moment, das die Herren Einstein und auch Laue (vorher in der ‚T[äglichen] Rundschau')[80] in die Angelegenheit tragen und das sie glauben, gegen mich richten zu dürfen, der ich *rein sachlich* in meiner Schrift aufgetreten bin, und ausser der letzteren gar nichts kundgegeben habe, was die gegen mich aufgewandten Grobheiten der Herren entschuldigen könnte. (...) Sind meine rein sachlichen Einwände gegen die verallg[emeinerte] R[elativität]Theorie zu entkräften, so muss Herr Einstein das eben zeigen - statt unartig zu werden - ; ich werde mich dann freuen, nicht nur mir, sondern unzweifelhaft auch vielen anderen physikalisch denkenden Befriedigung verschafft zu haben durch rückhaltloses Aussprechen der Einwände. Kurzum, ich habe nicht die mindeste Lust, in Herrn Einsteins Gesellschaft mich zu begeben - zumal, wie gesagt, ich jetzt keinen Zweck mehr davon sehe, der das Opfer rechtfertigte - wenn nicht sichersteht, und zwar öffentlich, dass ich dabei nicht nutzlose Zielscheibe, sondern Teil eines Ganzen bin, das nur zusammen steht oder fällt. (...)"[81]

Zu diesem Zeitpunkt war Arnold Sommerfeld Vorsitzender der Deutschen Physikalischen Gesellschaft. Ihm war sofort klar, welche Gefahr es für die Gesellschaft bedeutete, wenn zwei der angesehensten Mitglieder sich in einen heftigen, in der Öffentlichkeit ausgetragenen Streit verstrickten. Er unternahm deshalb noch einen Versuch, Lenard und Einstein zu versöhnen. Dafür schien auch Hoffnung zu bestehen, da Einstein inzwischen eingesehen hatte, daß der Artikel im „Berliner Tageblatt" ein Fehler war. Als Max Born ihn auf die „leider sehr ungeschickte Antwort in der Zeitung"[82] hinwies, antwortete ihm Einstein: „Jeder muß

---

[77] Siehe Anm. 2, S. 327.

[78] Weyland ließ z.B. seine Briefe an Arrhenius durch den deutschen Pastor der Region zustellen.

[79] S. Anmerkung 2, S. 328.

[80] Tägliche Rundschau vom 11.8.1920, Unterhaltungsbeilage: Laue, Max von: Zur Erörterung über die Relativitätstheorie.

[81] Ungekürzte Wiedergabe des Briefes , siehe Anm. 2, S. 328, 329.

[82] Brief von Max Born an Albert Einstein vom 8. 9. 1920. In: Albert Einstein/Hedwig und Max Born. Briefwechsel 1916–1955. Herausgegeben und kommentiert von Hermann, Armin. München 1969.

am Altar der Dummheit von Zeit zu Zeit sein Opfer darbringen.(...) Und ich tat es gründlich in meinem Artikel.“[83] Auch an Sommerfeld schrieb er: „Den Artikel hätte ich vielleicht nicht schreiben sollen.“[84]

Sommerfeld wandte sich daraufhin an beide Seiten. Er schlug Einstein in einem Brief vor, „ein Wort der Begütigung an Lenard zu schreiben. (...) Wenn Sie ihm sagen, daß Ihre Abwehr nicht dem gelehrten Kritiker, sondern dem vermeintlichen Kampfgenossen Weylands galt und daß Sie dies auf Wunsch vor der Öffentlichkeit erklären würden, besänftigt sich wohl sein Zorn.“[85] Der Brief von Sommerfeld an Lenard ist verschollen, aber aus der Antwort von Lenard läßt sich der Tenor von Sommerfelds Schreiben erschließen. In diesem Brief vom 14.9.1920 heißt es unter anderem:

> „Den Gedanken, eine Entschuldigung des Herrn Einstein mir gegenüber, noch dazu unter Voraussetzung einer ihm genehmen Äußerung meinerseits, für zufriedenstellend zu halten, muss ich mit Entrüstung zurückweisen. (...) Diese Äusserungen des Herrn Einstein (an 3 Stellen des Artikels) schreiben mir Eigenschaften zu, die mich in den Augen der Leser herabsetzen müssen; sie sind jedenfalls ein Zeichen persönlicher *Geringschätzung* des Herrn Einstein gegen mich, deren Verwandlung in die erforderliche Hochachtung aufgrund irgend einer Zusicherung von mir höchst verwunderlich wäre.
> Findet Herr Einstein seine Äusserungen für bereuenswert, also wohl für falsch, so hat er sie *öffentlich*, als sie getan worden sind, wieder zurückzuziehen; anders könnte er das an mir getane Unrecht nicht wieder gut machen - soweit das überhaupt möglich ist.
> Die öffentliche Abgabe solcher Werturteile über einen Kollegen, wie von den Herren Laue ‚Tägl[iche] Rundschau‘ und Einstein geschehen, ist meinem Gefühl nach eine ganz ungehörige Überheblichkeit und bezeichnet einen Tiefstand der Gesinnung, welchen ich innerhalb der ‚D[eutschen] Phys[ikalischen] Ges[ellschaft]‘, als deren wichtige Mitglieder die genannten Herren als Berliner Vertreter der Physik wohl gelten, doch nicht vermutet hätte, obgleich ich sie für sehr reformbedürftig auch vorher schon gehalten habe.“[86]

Nach allen bisher aus der Literatur bekannten Darstellungen ist die von Lenard geforderte öffentliche Entschuldigung Einsteins und Rücknahme seiner Äußerungen über Lenards wissenschaftliche Leistungen *nicht* erfolgt. Neue Recherchen haben zu einem anderen Ergebnis geführt. Wir kommen noch darauf zurück.

Tagung in Bad Nauheim vom 19. 9. 1920 bis zum 25. 9. 1920

Die Versammlung der Deutschen Naturforscher und Ärzte im Herbst 1920 war die erste nach dem Ersten Weltkrieg. Als Tagungsort war eigentlich Frankfurt a.M. geplant, da man aber Unruhen und gewalttätige Demonstrationen befürchtete,

---

[83] Brief von Albert Einstein an Max Born vom 9. 9. 1920. Siehe Anmerkung 80.

[84] Brief von Albert Einstein an Arnold Sommerfeld vom 6.9.1920. In: Albert Einstein/ Arnold Sommerfeld. Briefwechsel. Herausgegeben und kommentiert von Hermann, Armin. Basel 1968.

[85] Siehe Anmerkung 2, Nr. 45.

[86] Vollständiger Wortlaut des Briefes siehe Anm. 2, S. 329, 330.

Abb. 7. Philipp Lenard um 1930 (Schleswig-Holsteinische Landesbibliothek Kiel)

hatte man die Tagung „mehr aufs Land" verlegt, nach Bad Nauheim. Die Tagung wurde gemeinsam mit der Deutschen Mathematischen Gesellschaft, der Deutschen Physikalischen Gesellschaft und der Gesellschaft für Technischen Physik ausgerichtet. Vorträge über Relativitätstheorie fanden am 23. und 24. September statt, daran schloß sich in der Abschlußdiskussion der berühmte Dialog zwischen Lenard (Abb. 7) und Einstein (Abb. 8) an. Es war das einzige persönliche Zusammentreffen der beiden Forscher.

Die Berichte über den Verlauf dieser Diskussion sind sehr unterschiedlich: Hermann Weyl schildert sie als dramatisches Rededuell, Max Born wirft Lenard antisemitische Attacken gegen Einstein vor und Paul Ehrenfest beschreibt sie als höfliche Auseinandersetzung, die sich strikt an das Thema gehalten hat. Es gibt zwei offizielle Darstellungen des Zusammentreffens: eine Beschreibung von Hermann Weyl für die Deutsche Mathematische Gesellschaft und eine Veröffentlichung in der Physikalischen Zeitschrift. Wenn man argwöhnen würde, daß diese beiden Schilderungen vielleicht von etwaigen antisemitischen Bemerkungen und auch von aggressiven Zwischenrufen nachträglich „gesäubert" worden sind, so spricht dagegen, daß keine der Tageszeitungen – die ja diese Debatte verfolgten – über Unmutsäußerungen oder antisemitische Tendenzen berichteten. Das stimmt auch mit Lenards eigenen Berichten überein, die er in verschiedenen Lebensabschnitten geschrieben hat. Entgegen mancher wissenschaftshistorischer Darstellung[87] wird man aus heutiger Sicht sagen können, daß es bei der Tagung

[87] Vgl. z.B. Beyerchen, Alan D.: Wissenschaftler unter Hitler. Köln 1980, S. 130.

Abb. 8. Albert Einstein 1920 (Bildarchiv Preußischer Kulturbesitz Berlin)

sicher emotionale Spannungen gegeben hat, daß diese aber den sachlichen und höflichen Ablauf der Tagung nicht beeinflußt haben.

Werfen wir noch einen Blick auf Lenards Notizen zur Nauheimer Tagung: Zu diesem Zeitpunkt bereitete Lenard die 3. Auflage seiner Arbeit „Über Relativität, Äther, Gravitation" vor; nach dem Zusammentreffen mit Einstein fügte er seinem Artikel noch einen „Zusatz, betreffend die Nauheimer Diskussion über das Relativitätsprinzip" hinzu. Der Ton dieses Kommentars ist zwar schärfer als in den vorangegangenen Arbeiten, aber es fehlt jede antisemitische Äußerung und jede politische Polemik. Lenards Verletztheit ist zu spüren, er verharrt auch hartnäkkig auf seinem Standpunkt und macht keinen Versuch einer Verständigung, aber alles geschieht in sachlichem Rahmen. – Als er diese Arbeit 1938 zur neuen Veröffentlichung in seinen Wissenschaftlichen Abhandlungen Band IV vorbereitet, fügt er handschriftlich Bemerkungen hinzu, die von ganz anderer Art sind:

> „Der Jude wurde von mir in dieser Diskussion nach damaligem Standpunkt (Günthers Rassenkunde[88] erschien erst 1922) wie ein richtiger arischer Mensch beurteilt und behandelt, und das war falsch (auch für die Sache). Aber wäre Rassenkunde damals schon weiter gewesen, so hätte das auch bei der Professoren-Versammlung doch nichts genutzt, denn die Herren sind auch heute (1938) noch blind. Den Vorsitz bei der Diskussion hatte Planck; es waren ihr 3 ermüdende Vorträge zugunsten Einsteins vorausgegangen."

[88] Günther, Hans:Rassenkunde des deutschen Volkes.München 1922.

Diese Bemerkung belegt, daß Lenard erst seit 1922 antisemitische Äußerungen in der Öffentlichkeit ausspricht. Seine Hinwendung zu deutsch-nationalen Vereinigungen und inoffizielle rassistische Stellungnahmen erfolgten schon früher.

Die in der Nauheimer Diskussion von beiden Seiten vorgetragenen Argumente sind die gleichen, wie sie in den Arbeiten der vorangegangenen zwei Jahre zwischen Einstein und Lenard ausgetauscht worden sind und die wir bereits vorgestellt haben. Lenard fühlte sich in der Diskussion von seiner physikalischen Grundeinstellung her völlig unverstanden und isoliert: weder die von ihm geforderte Beschränkung des allgemeinen Relativitätsprinzips, noch die Beibehaltung des Ätherkonzepts oder die Rolle des einfachen, gesunden Menschenverstandes als Entscheidungskriterium stießen auf Resonanz. In einer Fußnote schreibt er verletzt: „Die Abschaffung des Äthers wurde in Nauheim in der großen Eröffnungssitzung wieder als Resultat verkündet (...) Man hat nicht dazu gelacht. Ich weiß nicht, ob es anders gewesen wäre, wenn die Abschaffung der Luft verkündet worden wäre." Und über den Ton der Diskussion fügt er hinzu: „(...) zumal in der rein auf die Sache gerichteten Form, in welcher die Nauheimer Absprache ablief (...)".[89]

In dieser neuen Auflage wird auch Lenards wachsende Aversion gegenüber der stürmischen Entwicklung der Theoretischen Physik deutlich. Die zunehmende Mathematisierung und die Abstraktheit theoretischer Ansätze verschließen ihm immer mehr den Weg zu dieser modernen Entwicklung. Der Bestätigung der allgemeinen Relativitätstheorie durch Beobachtungen und Erfahrungen steht Lenard skeptisch gegenüber: Die Erklärung der Perihelbewegung des Merkur und der Lichtstrahlkrümmung in der Nähe großer Massen hält er für ein Plagiat alter Arbeiten.[90]

Nach Abschluß der Diskussion haben viele der anwesenden Physiker die verhärteten Fronten beider Seiten gespürt, sie haben versucht, Lenard aus seiner Isolation zu befreien und ihn mit Einstein zu versöhnen. Aus persönlichen Notizen,[91] die ein Mitarbeiter des Heidelberger Physikalischen Instituts über Gespräche mit Philipp Lenard in dessen letztem Lebensjahr festgehalten hat, erfahren wir in Aufzeichnungen vom 7. 9. 1946 etwas darüber: Walter Nernst bemühte sich sehr um Lenard, hakte ihn unter und beteuerte: „Nos amis sont vos amis." Und Max von Laue versuchte zu beschwichtigen, indem er einwarf: „Einstein ist doch ein Kind!" Worauf Lenard harsch erwiderte: „Kinder schreiben nicht im Berliner Tageblatt!" Einstein schließlich folgte Lenard noch in die Garderobe und versuchte ihn zum Bleiben zu bewegen. Lenard bemerkte dazu nur: „Jetzt ist es zu spät." – Ebenso wie Einstein verließ Lenard danach sofort die Tagung. Gehrcke erfuhr erst etwas später davon. Um sich noch von Lenard verabschieden zu können, lief er eilig zum Bahnhof, traf ihn aber nicht mehr an, da der Zug bereits anfuhr, als Gehrcke den Bahnsteig erreichte. An einem Abteilfenster sah Gehrcke

---

89 Lenard, Philipp: Über Relativitätsprinzip, Äther, Gravitation. 3. Aufl.1921., S. 37, Fußnote 1.

90 Z.B. von Paul Gerber und J. Soldner: Über die Ablenkung eines Lichtstrahls von seiner geradlinigen Bewegung durch die Attraktion eines Weltkörpers, an welchem er nahe vorbei geht. In: Astronomisches Jahrbuch 1804, S. 161.

91 In Privatbesitz.

Einstein, der ihn auch erkannte.[92] – Der Bruch zwischen Einstein und Lenard war nicht mehr rückgängig zu machen.

Vergleicht man die Nauheimer Tagung mit anderen Tagungen über die allgemeine Relativitätstheorie, die zur gleichen Zeit stattfanden, dann zeigt sich, daß sie in der fachlichen Auseinandersetzung in keiner Weise dramatischer verlaufen ist als diese: Auf der Tagung in Straßburg am 23. 9. 1920 – von der deutsche Wissenschaftler ausgeschlossen waren – plädierte Joseph Larmor für die Beibehaltung des Äthers, er zweifelte an der Nachweisbarkeit der Rotverschiebung der Spektrallinien und war überzeugt, daß sich alle zur Diskussion stehenden Phänomene auch mit Hilfe eines Ätherkonzeptes würden erklären lassen.

In ähnlicher Weise verteidigte Oliver Lodge bei der Tagung der Britischen Gesellschaft für angewandte Wissenschaften das Ätherkonzept und nahm gegen die allgemeine Relativitätstheorie Stellung.

Die Kontroversen der Nauheimer Tagung waren also kein Einzelfall.

Die von Lenard verlangte öffentliche Entschuldigung[93] Einsteins mit der Rücknahme seiner herabsetzenden Äußerungen erfolgte einen Tag nach der Nauheimer Tagung. Im „Berliner Tageblatt" vom 25. 9. 1920 heißt es (Abb. 9):

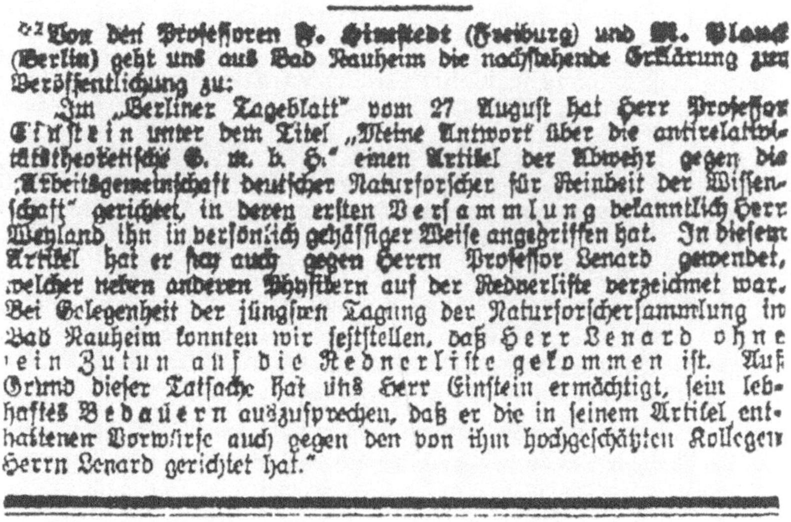

Von den Professoren F. Himstedt (Freiburg) und M. Planck (Berlin) geht uns aus Bad Nauheim die nachstehende Erklärung zur Veröffentlichung zu:

Im „Berliner Tageblatt" vom 27 August hat Herr Professor Einstein unter dem Titel „Meine Antwort über die antirelativitätstheoretische G. m. b. H." einen Artikel der Abwehr gegen die „Arbeitsgemeinschaft deutscher Naturforscher für Reinheit der Wissenschaft" gerichtet, in deren ersten Versammlung bekanntlich Herr Weyland ihn in persönlich gehässiger Weise angegriffen hat. In diesem Artikel hat er sich auch gegen Herrn Professor Lenard gewendet, welcher neben anderen Physikern auf der Rednerliste verzeichnet war. Bei Gelegenheit der jüngsten Tagung der Naturforscherversammlung in Bad Nauheim konnten wir feststellen, daß Herr Lenard ohne sein Zutun auf die Rednerliste gekommen ist. Auf Grund dieser Tatsache hat uns Herr Einstein ermächtigt, sein lebhaftes Bedauern auszusprechen, daß er die in seinem Artikel enthaltenen Vorwürfe auch gegen den von ihm hochgeschätzten Kollegen Herrn Lenard gerichtet hat."

Abb. 9. Artikel in der Morgenausgabe des „Berliner Tageblattes" vom 25. September 1920

---

92 Brief von Ernst Gehrcke an Philipp Lenard vom 2.9.1920.

93 In der bisherigen wissenschaftshistorischen Literatur wird davon ausgegangen, daß diese Entschuldigung nicht erfolgt ist. Sie fehlt auch in: Braun, Traute: Die Entwicklung der Physik im Spiegel der Presse. Berichterstattung des Berliner Tageblattes 1919–1923. Bd. 2 Dokumentation. Magisterarbeit am Lehrstuhl f. Geschichte der Naturwissenschaften und Technik an der Universität Stuttgart, 1980.

> „Von den Professoren F. Himstedt (Freiburg) und M. Planck (Berlin) geht uns aus Bad Nauheim die nachstehende Erklärung zur Veröffentlichung zu: Im ‚Berliner Tageblatt' vom 27. August hat Herr Professor Einstein unter dem Titel ‚Meine Antwort über die antirelativistische G.m.b.H.' einen Artikel der Abwehr gegen die ‚Arbeitsgemeinschaft deutscher Naturforscher für Reinheit der Wissenschaft'" gerichtet, in deren ersten Versammlung bekanntlich Herr Weyland ihn in persönlich gehässiger Weise angegriffen hat. In diesem Artikel hat er sich auch gegen Herrn Professor Lenard gewendet, welcher neben anderen Physikern auf der Rednerliste verzeichnet war. Bei Gelegenheit der jüngsten Tagung der Naturforscher[ver]sammlung in Bad Nauheim konnten wir feststellen, daß Herr Lenard ohne sein Zutun auf die Rednerliste gekommen ist. Auf Grund dieser Tatsache hat uns Herr Einstein ermächtigt, sein lebhaftes Bedauern auszusprechen, daß er die in seinem Artikel enthaltenen Vorwürfe auch gegen den von ihm hochgeschätzten Kollegen Herrn Lenard gerichtet hat."[94]

Diese Form der Entschuldigung genügte Lenard aber nicht, eine Versöhnung war nicht mehr möglich. Lenard trat aus der Deutschen Physikalischen Gesellschaft aus. Mitgliedern der Gesellschaft verwehrte er den Zutritt zu seinem Arbeitszimmer im Heidelberger Institut (Abb. 10).

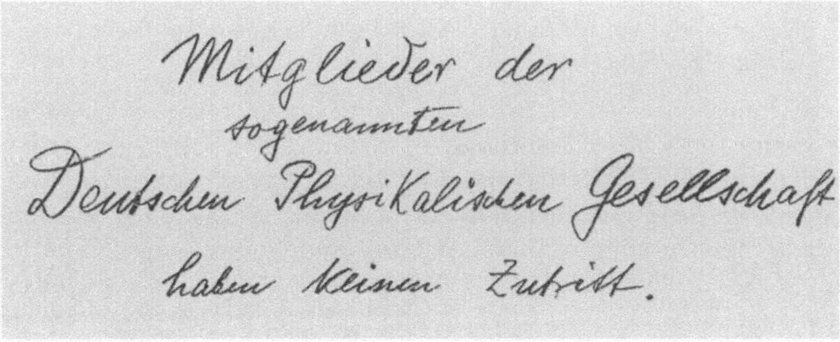

Abb. 10. Nach den Tagungen der Gesellschaft der Deutschen Naturforscher und Ärzte in Bad Nauheim und Leipzig verwehrte Lenard den Mitgliedern der Deutschen Physikalischen Gesellschaft den Eintritt zu seinem Arbeitszimmer. (Physikalisches Institut der Universität Heidelberg. Die Kopie wurde freundlicherweise von Prof. Heintze zur Verfügung gestellt.)

[94] Berliner Tageblatt, Morgenausgabe vom 25. 9. 1920.

Jubiläumsversammlung in Leipzig 1922

Nach der Nauheimer Tagung erfolgte noch 1920 Lenards wissenschaftliche Reaktion mit der Arbeit „Über Äther und Uräther". In seinen handschriftlichen Notizen von 1940 erklärte er dazu: „Die Veröffentlichung erfolgt in der Meinung, daß Aufweisung neuer Wege am besten gegen das Umsichgreifen des unfruchtbaren Fremdgeistes helfen könnten."[95] Hier variierte Lenard sein Ätherkonzept, indem er einen ruhenden Äther (den Uräther) und einen bewegten Äther überlagerte und versuchte dadurch eine Erklärung für alle immer wieder diskutieren Phänomene zu finden. Sein neues Ätherkonzept bestand in der Kombination zweier alter, klassischer Äthermodelle:

> „Wir stellen uns den Uräther überall im Raum vorhanden und in seiner Gesamtheit als ruhend (wie man es bisher mit dem Äther zu tun versuchte) vor; er ist das Medium, in welchem elektromagnetische Wellen mit Lichtgeschwindigkeit laufen, nachdem sie fertig erzeugt und von der emittierenden Materie genügend frei geworden sind. Der Uräther hat mit der Materie nichts zu tun.
> Der Äther dagegen gehört zur Materie (aber verschieden von ihr); Jedes Atom hat seinen eigenen Äther, aber nicht in unveränderlicher Menge, da Abgabe und Aufnahme von Äther seitens der Atome stattfinden kann. Andern Äther als der zu den Atomen der Materie bzw. den einzelnen Dynamiden oder Elektrizitätsquanten gehört - und der mit solchen - oder von solchen in Gestalt elektromagnetischer Wellen abgeschossen selbständig - im Uräther unterwegs ist, gibt es nicht - außer dem Uräther."[96]

Von einer mechanischen Erklärung der Vorgänge im Äther und Uräther rückte Lenard von dieser Veröffentlichung an ab. Er hoffte aber noch, daß sich bei Überprüfung des Michelson-Versuches mit Licht von Fixsternen - als einer Lichtquelle aus dem ruhenden Uräther - doch noch ein Nachweis einer absoluten Bewegung ergeben könnte. Diese 1921 von Rudolf Tomaschek durchgeführten Versuche verliefen erfolglos. - Die Zeit- und Raumvorstellungen der allgemeinen Relativitätstheorie lehnte er strikt ab und trat für die unbedingte Beibehaltung der euklidischen Geometrie für die Interpretation der in der allgemeinen Relativitätstheorie angesprochenen Phänomene ein. In seinen Ergänzungen von 1940 polemisiert er zu diesem Punkt, indem er die Entwicklungen in der modernen Physik mit den Umbrüchen in der Kunst zur gleichen Zeit vergleicht:

> „Wie unecht als Naturforscher müssen doch diejenigen Physiker sein, die heute noch eine ‚Theorie' mit so vertrottelten Spässen über Raum und Zeit für wichtig halten! Vertrottelt sage ich , weil doch in der Hauptsache die jüdische *Unfähigkeit* mit Raum und Zeit und überhaupt mit der Natur nach arischer Art zu denken, zugrunde liegt. Ebenso wie bei den ‚Kubisten' usw. die Unfähigkeit, anständig zu malen, zugrundeliegt, zusammen auch hier mit der Frechheit, die Unfähigkeit sich Anderen aufdrängen zu wollen - und mit weitgehendem Gelingen davon (wer das später nicht glaubhaft findet, sehe z.B. die Tafel ‚Expressionismus' in Meyers Lexikon, 7. Auflage 1926). Was aber beim *Einen Unfähigkeit ist,* sind beim *Anderen zur Vertrottelung, zur Verkümmerung* mehr oder weniger vorhandener Fähigkeiten."

---

[95] Handschriftliche Notiz Lenards für die Herausgabe dieser Arbeit in dem IV. Band seiner wissenschaftlichen Abhandlungen.

[96] Lenard, Philipp: Über Äther und Uräther. 2. Auflage,.Leipzig 1922, S. 23, 24.

Nach Lenards Meinung entspricht nur die Euklidische Geometrie der Wirklichkeit.

> „Dem unfähigen Juden aber, der die arische Anschauungsfähigkeit nicht besitzt, sind Euklidische Geometrie und die anderen anschauungsfremden Geometrien gleichwertig (...)“

Im September 1922 sollte die Gesellschaft Deutscher Naturforscher und Ärzte zu ihrer Jubiläumsveranstaltung anläßlich ihres 100jährigen Bestehens in Leipzig zusammenkommen. In der Zeit von der Nauheimer Tagung bis wenige Wochen vor Beginn der Jubiläumstagung hatte Lenard gehofft, daß die Mitglieder von ihrer positiven Einstellung gegenüber der allgemeinen Relativitätstheorie abrücken würden, daß sie „wieder zur Vernunft kommen“ würden, wie er es ausdrückte. Um diesen Gesinnungswandel herbeizuführen, führte Lenard einen intensiven Briefwechsel mit Max Planck, Willi Wien und vielen anderen namhaften Physikern. Aber seine Bemühungen waren vergeblich. Seine Enttäuschung darüber äußerte sich in einem vorwurfsvollen und polemischen Ton in der 2. Auflage seiner Arbeit „Äther und Uräther“ vom Juli 1922: Er kritisierte das „aufgebauschte Wesen, das man in Physiker- und Mathematikerkreisen mit der Relativitätstheorie treibt“ und bezeichnete die Relativitätstheorie einen „Hypothesenhaufen“[97]. Dieser 2. Auflage schickte Lenard ein „Mahnwort an deutsche Naturforscher“ voraus, in dem er der Gesellschaft deutscher Naturforscher und Ärzte Vorwürfe macht:

> „Es ist ein Unterschied, ob Unfug (d.h. Reklame für die Relativitätstheorie bzw. für Einstein) nur in Zeitungsblättern treibt, oder ob die Gesellschaft, von der man ein einsichtiges und vornehm ausgewogenes Urteil erwartet, sich an diesem Unfug beteiligt. (...) Viel verhängnisvoller noch - und daher besonders traurig - ist allerdings eine andere, vor den Rassekundigen versteckte Begriffsverwirrung, welche um Herrn Einstein als ‚Deutschen Naturforscher‘ schwebt.“[98]
> Und 1940 ergänzte er diese Stelle handschriftlich: „Dieser Einfluß auf den Rasseneinfluß stieß damals auf wütenden Widerspruch.“

Diese Arbeit markiert den Zeitpunkt von Lenards vollkommener Abkehr von der Relativitätstheorie. Er lehnte jetzt sowohl die spezielle wie auch die allgemeine Relativitätstheorie vollständig ab und beschuldigte Einstein des Plagiats älterer Veröffentlichungen.[99] Die Gedankenführung Lenard war dabei eigentümlich: Auch wenn Einstein bei der Entwicklung seiner Untersuchungen die älteren Arbeiten nicht gekannt haben sollte, so seien doch von den Ergebnissen dieser älteren Publikation für alle Forscher Wirkungen ausgegangen, die auch Einstein beeinflußt haben könnten. Und so hätte er auf jeden Fall aus diesen älteren Veröffentlichungen unrechtmäßig Nutzen gezogen. - In diesem Absatz bemerkt er abschließend:

---

[97] Lenard, Philipp: Über Äther und Uräther. 2. Auflage 1922, S. 5.

[98] Siehe Anm. 95.

[99] Zu den früheren Plagiatsvorwürfen an Arbeiten von Paul Gerber und .J. Soldner kommen jetzt noch die Vorwürfe, alle Überlegungen zur Masse-Energie-Beziehung $E = h\nu$ aus Arbeiten von Fritz Hasenöhrl übernommen zu haben.

„Es ist bekannte jüdische Eigentümlichkeit, sachliche Fragen leicht sofort auf Gebiet des persönlichen Streits zu verschieben.(...) Lebt gesunder deutscher Geist - der freilich Pflege und Schutz nötig hätte - wieder auf, so wird von selbst der Fremdgeist weichen müssen, der als dunkle Macht überall auftaucht und der auch in allem, was zur ‚Relativitätstheorie' gehört, so deutlich sich ausprägt. Wir leben in einem nicht weniger dunklem Zeitalter als die Inquisition es war. Ich weiß, daß Mahner, die Erleuchtung wünschen, leicht übel fahren in solchen Zeiten. Möchte klarer Sinn deutscher Naturforscher - statt solches an mir sich bewähren zu lassen - die Erleuchtung bringen, und die allenthalben verfügbare Macht des Dunkelgeistes brechen helfen."[100]
Und 1940 fügte er handschriftlich an dieser Stelle hinzu: „Dies war nicht lange nach dem gefährlichen Überfall[101] irregeleiteter Arbeitermassen auf das Heidelberger Institut geschrieben, wobei dazu aufgerufen wurde, mich - gewaltsam über die Neckarbrücke geführt - in den Neckar zu werfen (27. 6. 1922). Die damaligen deutschen Naturforscher, ja sämtliche Universitätsprofessoren haben *nicht* geholfen. Erst Adolf Hitler hat 11 Jahre später im Dritten Reich eine Grundlage gegeben zur Brechung der Macht des Dunkelgeistes auch in der Wissenschaft."

Für die mit Spannung erwartete Jubiläumstagung der Naturforscher und Ärzte in Leipzig war die Relativitätstheorie wieder ein Schwerpunktthema. Einstein hatte einen Vortrag zugesagt. Aufgrund der unterschwelligen antisemitischen Stimmung, aus Furcht vor gewaltsamen Zwischenfällen und nach Warnungen von Freunden, die ihn unterrichteten, daß sein Name auf einer sogenannten „Todesliste" genannt würde, sagte Einstein kurzfristig seine Teilnahme ab und trat eine Reise nach Japan an.

Die Gegner der Relativitätstheorie hatten ihren Widerstand nicht aufgegeben, sie ließen rote Handzettel (Abb. 11) verteilen, um die Tagungsteilnehmer „aufzurütteln". Lenard nahm an der Tagung teil. Lenards Stimmung sank auf einen Tiefpunkt, als auf der Tagung bekannt wurde, daß Einstein der Nobelpreis nachträglich für 1921 zuerkannt worden war. Und zwar nicht für die Relativitätstheorien, sondern für seine Arbeit zur Deutung des Fotoeffektes durch die Lichtquantenhypothese aus dem Jahr 1905. Das traf Lenard tief, weil es diese Einsteinsche Veröffentlichung war, welche die Erklärung der von Lenard experimentell

[100] Lenard, Philipp: Äther und Uräther. 2. Auflage 1922, S. 9.

[101] Bei dem hier von Lenard erwähnten Institutsüberfall handelt es sich um folgende Begebenheit: Nach der Ermordung des Außenministers Walter Rathenau - Rathenau war Jude und ein enger Freund Einsteins - hatte die Regierung für den Tag der Beerdigung allgemeine Arbeitsruhe und Trauerbeflaggung auf allen öffentlichen Gebäuden angeordnet. Lenard hielt sich nicht an diese Anordnung, im Physikalischen Institut wurde gearbeitet, eine Trauerbeflaggung fehlte. Als eine Anmahnung nichts nützte, zogen Mitglieder des sozialistischen Studentenbundes unter Carlo Mierendorff zusammen mit Arbeitern zum Physikalischen Institut, um Lenard zu einem Gespräch zu bewegen. Als das verweigert wurde, besetzten sie das Institut. Lenard wurde in Schutzhaft genommen. Vgl. Darstellung des Vorfalles und seiner Folgen u.a. Neumann, Reinhard/zu Putlitz, Freiherr Gisbert: Philipp Lenard. In: Semper apertus (Festschrift z. 600jährigen Jubiläum der Heidelberger Universität) 1985, Band III, S. 376f.; Albrecht, Richard: Der militante Sozialdemokrat Carlo Mierendorff. Bonn 1987; Schmidt-Schönbeck, Charlotte: 300 Jahre Physik und Astronomie an der Kieler Universität. Kiel 1965, S. 108–121.

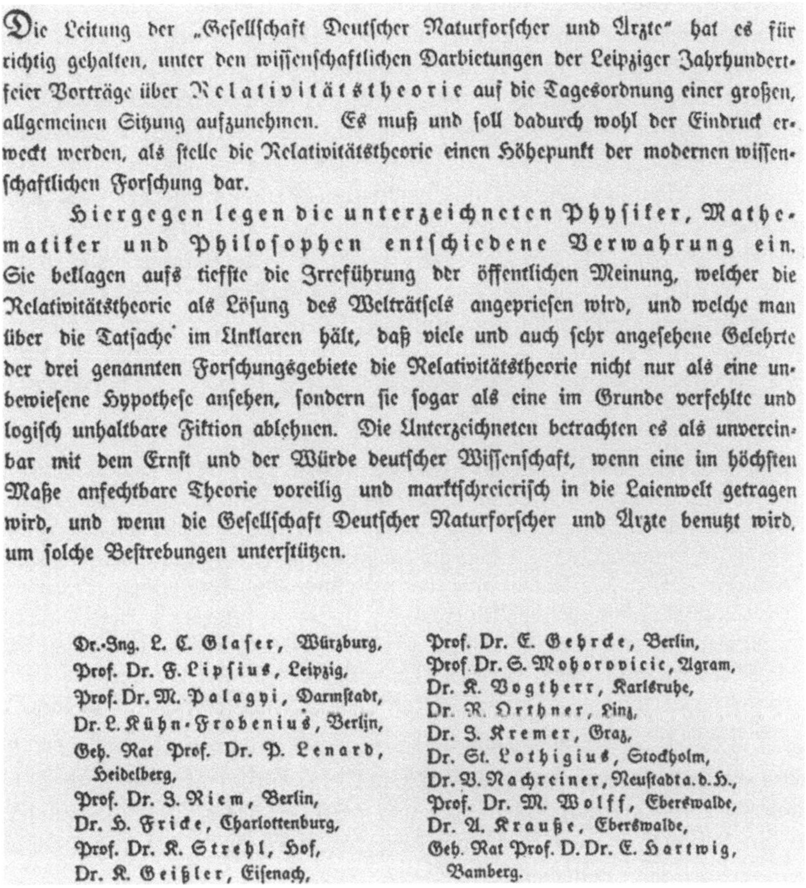

Die Leitung der „Gesellschaft Deutscher Naturforscher und Ärzte" hat es für richtig gehalten, unter den wissenschaftlichen Darbietungen der Leipziger Jahrhundertfeier Vorträge über Relativitätstheorie auf die Tagesordnung einer großen, allgemeinen Sitzung aufzunehmen. Es muß und soll dadurch wohl der Eindruck erweckt werden, als stelle die Relativitätstheorie einen Höhepunkt der modernen wissenschaftlichen Forschung dar.

Hiergegen legen die unterzeichneten Physiker, Mathematiker und Philosophen entschiedene Verwahrung ein. Sie beklagen aufs tiefste die Irreführung der öffentlichen Meinung, welcher die Relativitätstheorie als Lösung des Welträtsels angepriesen wird, und welche man über die Tatsache im Unklaren hält, daß viele und auch sehr angesehene Gelehrte der drei genannten Forschungsgebiete die Relativitätstheorie nicht nur als eine unbewiesene Hypothese ansehen, sondern sie sogar als eine im Grunde verfehlte und logisch unhaltbare Fiktion ablehnen. Die Unterzeichneten betrachten es als unvereinbar mit dem Ernst und der Würde deutscher Wissenschaft, wenn eine im höchsten Maße anfechtbare Theorie voreilig und marktschreierisch in die Laienwelt getragen wird, und wenn die Gesellschaft Deutscher Naturforscher und Ärzte benutzt wird, um solche Bestrebungen unterstützen.

Dr.-Ing. L. C. Glaser, Würzburg,
Prof. Dr. F. Lipsius, Leipzig,
Prof. Dr. M. Palagyi, Darmstadt,
Dr. L. Kühn-Frobenius, Berlin,
Geh. Rat Prof. Dr. P. Lenard, Heidelberg,
Prof. Dr. J. Riem, Berlin,
Dr. H. Fricke, Charlottenburg,
Prof. Dr. K. Strehl, Hof,
Dr. K. Geißler, Eisenach,
Prof. Dr. E. Gehrcke, Berlin,
Prof. Dr. S. Mohorovicic, Agram,
Dr. K. Vogtherr, Karlsruhe,
Dr. R. Orthner, Linz,
Dr. J. Kremer, Graz,
Dr. St. Lothigius, Stockholm,
Dr. W. Nachreiner, Neustadt a. d. H.,
Prof. Dr. M. Wolff, Eberswalde,
Dr. A. Krauße, Eberswalde,
Geh. Rat Prof. D. Dr. E. Hartwig, Bamberg.

Abb. 11. Von den Gegnern der Relativitätstheorie wurden auf der Tagung in Leipzig rote Handzettel verteilt

gefundenen Gesetzmäßigkeiten des Fotoeffekts lieferte. Zu den vielen Ehrungen Einsteins, deren Ausmaß und öffentliche „Schaustellung" Lenard empörend und geschmacklos fand, kam nun noch die Auszeichnung durch den Nobelpreis. Lenard intervenierte 1923 in einem Brief an die schwedische Akademie der Wissenschaften gegen die Verleihung des Nobelpreises an Einstein und brandmarkte deren Vorgehen als einen Versuch, Einsteins „gesunkenes Prestige zu heben, ohne die Akademie zu kompromittieren".[102]

[102] Die Verleihung des Nobelpreises an Einstein war seit 1910 immer wieder gefordert worden. Die schwedische Akademie der Wissenschaften hatte diese Widmung des Preises für Einsteins Arbeiten zum Fotoeffekt wirklich gewählt, um nicht in das Kreuzfeuer der Auseinandersetzungen um die Relativitätstheorie zu geraten.

Seit 1922 beherrschten antisemitische Anschuldigungen Lenards Einstellung zur Relativitätstheorie und zur Person Albert Einsteins. Nachdem er bereits früh überzeugter Anhänger der Nationalsozialisten geworden war, stellte er seine rassistische Polemik vollständig in den Dienst des Nationalsozialismus und unterstützte vor allem nach 1933 dessen Ziele. Der Weg Lenards zum unnachgiebigsten und ausdrücklichsten Gegner der Relativitätstheorie und zum unversöhnlichen Feind Einsteins, der alle nur denkbaren Maßnahmen gegen die Arbeiten und gegen die Person Einsteins in Erwägung zog, die schließlich auch politische und lebensbedrohende Konsequenzen in der Zeit des Nationalsozialismus umfaßten, ist hier schon vorgezeichnet. In den folgenden Jahren hat Lenard immer wieder versucht, Mitarbeiter und Kollegen für die Abfassung von Zeitungsartikeln gegen die Relativitätstheorie und gegen Einstein zu gewinnen. So berichtet z.B. Paul Knipping in einem bisher unveröffentlichten Brief an Lise Meitner vom 14. 6. 1923:

> „Ein ausschlaggebender Teil der wissenschaftlichen Tätigkeit besteht hier darin, dass man Publikationen verfasst und an Tageszeitungen versendet (ohne Namensnennung natürlich), die nichts anderes als persönliche Ausfälle gegen hier missliebige Persönlichkeiten enthalten. Als ich hier ankam [Anfang 1923], schrieb man gerade einen ‚saftigen' Artikel: ‚Einstein als Jude', der nach Mitteilung der Herren (...) nur persönliche Verunglimpfungen enthalten musste (...). Das traurigste an der Geschichte ist, daß diese Elaborate nicht etwa von jungen unerfahrenen Leuten fabriziert werden, sondern dass Lenard dahintersteht, was ich vorher noch nicht gewusst hatte.(...) Kaum war aber meine Einstellung [gegen diese Art von Publikationen] bekannt, da erfolgte schon meine Isolation."[103]

Diese radikale Wende in Lenards Einstellung wurde nicht nur durch seinen Kampf gegen die Relativitätstheorie und gegen Einstein ausgelöst, sondern sie hat ihre Wurzeln auch noch in einer Reihe von Ereignissen in Lenards Leben, die nicht zu unserem Thema gehören.[104]

Über das Ende dieser spannungsreichen Beziehung ist schnell berichtet: Einstein schätzte die Ziele des Nationalsozialismus richtig ein und sah die Gefahr für sich und seine Familie realistisch voraus: 1933 kehrte er von einem Auslandsaufenthalt nicht nach Deutschland zurück. Nach der Machtübernahme wurde er ausgebürgert, seine Wohnung in Berlin geplündert, sein Vermögen konfisziert und sein Sommerhaus in Caputh beschlagnahmt. Einstein ging nach Amerika und kehrte nicht wieder nach Deutschland zurück, auch nicht nach Ende des Zweiten Weltkrieges.

Lenard isolierte sich nach 1922 sowohl durch seine Gegnerschaft zur Relativitätstheorie und zur Quantentheorie wie durch seine anhaltenden polemischen und antisemitischen Vorwürfe. Während er mit den fachlichen Argumenten ge-

---

[103] Paul Knipping (1885–1935) war 1923 nach Heidelberg gekommen, weil ihm Lenard eine Möglichkeit zur Habilitation zugesichert hatte; er hat das Versprechen nicht eingelöst. – Brief von Paul Knipping an Lise Meitner vom 14. 6. 1923. Im Nachlaß von Lise Meitner im Churchill Archives Centres in Churchill College, Cambridge.

[104] Dazu gehört z.B. die Institutsbesetzung, der frühe Tod seines einzigen Sohnes u.a.

gen die Relativitätstheorie im Kreis der Physiker nicht allein gestanden hatte, verstärkte sich seine Rolle als Außenseiter mit seiner Hinwendung zum Nationalsozialismus. Zusammen mit Johannes Stark (1874-1957) war er Begründer und Hauptvertreter der „Deutschen Physik". In dem vierbändigen Lehrbuch „Deutsche Physik"[105] versuchte er eine rassische, arische Ausrichtung naturwissenschaftlicher Forschung zu begründen. Den Stoffkanon bildet die klassische Physik, die Relativitätstheorie und die Quantentheorie fehlen. Seine besondere, antisemitische Sicht der Physikgeschichte prägte seine Sammlung von Biographien „Große Naturforscher".[106] Mit Äußerungen gegen die Relativitätstheorie und gegen Einstein und seine Befürworter wandte sich Lenard noch bis Kriegsende an die Öffentlichkeit, an Kampagnen gegen Einstein - wie z. B. „Hundert Autoren gegen Einstein" (1931) - beteiligte er sich nicht mehr.

Lenard hatte Zeit seines Lebens den Eindruck, daß seine Leistungen nicht genügend anerkannt, seine Arbeit nicht genug gewürdigt würden und daß ihm bei manchen Entdeckungen andere zuvorgekommen waren. Seine Enttäuschung über die Entdeckung der Röntgenstrahlen, über die Entdeckung des Elektrons durch J.J. Thomson und die große Anerkennung Einsteins für die Lichtquantenhypothese, deren experimentelle Grundlagen von ihm geschaffen wurden, sind nur die ausgeprägtesten Beispiele dafür. Nach dem eigentlichen Abschluß der kreativen Schaffensphase als Physiker setzte Lenard seine ganze Hoffnung auf Anerkennung und Einfluß durch den Nationalsozialismus, auf deren Verwirklichung einer „arischen" Forschung und eine Bildungspolitik in seinem Sinn. Nach einer anfänglichen Hochachtung Lenards und Propagierung der „Deutschen Physik" durch die Regierung, verlor er bald immer mehr an Einfluß. Als die Regierung erkannte, wie notwendig sie die moderne Physik während des Zweiten Weltkrieges für ihre militärischen Ziele brauchte, änderte sich ihre Einstellung zur „Deutschen Physik", sie gab ihre ablehnende Haltung gegenüber der theoretischen Physik auf und förderten gezielt in den letzten Kriegsjahren die Kernphysik. Lenard - inzwischen 80 Jahre alt - wurde den Machthabern mit seinen Versuchen der Einmischung in die Bildungspolitik schließlich lästig. Man überschüttete ihn zwar mit Ehrungen, aber kümmerte sich nicht mehr um seine Meinung. Er empfand das deutlich und schrieb (Abb. 12) 1943 auf die Innenseite seines Exemplars der Festschrift zur Einweihung des Philipp-Lenard-Institutes (1935):

> „Viel Schönes, Gutes ist hier gesagt und eindringlich verständlich gemacht. - Aber kein Wissenschaftsministerium des 3. Reiches hat im Mindesten danach gehandelt. Ja sogar meistens gegenteilig wurde regiert im Bereich der Physik oder der Naturforschung überhaupt! *Mich* hat man wiederholt sehr geehrt; *mein Denken* hat man nicht die Spur befolgt! 6 Jahre lang habe ich gegen solchen Unfug mich aufgelehnt. Jetzt, mit 80 Jahren bin ich zu alt geworden um noch weiter einzugreifen als es in meinen Schriften schon geschehen ist."[107]

---

[105] Lenard, Philipp: Deutsche Physik in vier Bänden. München 1936.

[106] Lenard, Philipp: Große Naturforscher. München 1929.

[107] In Privatbesitz.

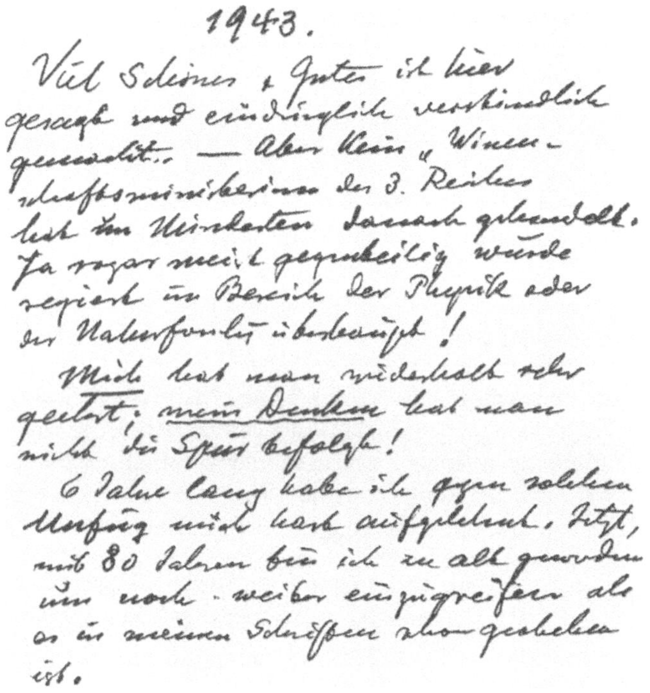
1943.
Viel Schönes u. Gutes ist hier
gesagt und eindringlich verständlich
gemacht. — Aber kein u. Wissen-
schaftsminister des 3. Reiches
hat im Mindesten danach gehandelt.
Ja sogar meist gegenteilig wurde
regiert im Bereich der Physik oder
der Naturforschung überhaupt!
Mich hat man wiederholt sehr
geehrt; meinem Denken hat man
nicht die Spur befolgt!
6 Jahre lang habe ich gegen solchen
Unfug mich hart aufgelehnt. Jetzt,
mit 80 Jahren bin ich zu alt geworden
um noch weiter einzugreifen als
es in meinen Schriften schon gegeben
ist.

Abb. 12. Lenards handschriftliche Notiz auf der Innenseite des Umschlages in seinem Exemplar der Festschrift zur Einweihung des Philipp-Lenard-Institutes (1935). (Im Privatbesitz)

Der Rahmen unserer Untersuchung wird noch einmal aufgespannt, wenn man die Akte „Einsteins Relativitätstheorie" vom Preußischen Ministerium für Wissenschaft, Kunst und Volksbildung in die Hand nimmt:[108] Sie wurde 1919 angelegt, als Einstein nach den erfolgreichen Sonenfinsternisexpeditionen Geld für seine Forschungen erhielt; die Akte wurde nach Einsteins Ausbürgerung 1934 geschlossen. Das letzte Blatt ist ein Brief Lenards vom 8. 10. 1934 an den Reichsminister für Volksaufklärung und Propaganda Joseph Goebbels, in dem Lenard eine endgültige Abrechnung mit Einstein und der Relativitätstheorie verlangt und fordert, daß die Einstein-Anhänger von den Lehrstühlen vertrieben werden, denn Einstein „soll keinen Einfluß auf wissenschaftlichem Gebiet haben, weil das auch politisch schädlich ist": Das ist noch einmal unser Thema: Einstein und Lenard als Antipoden in Physik und Zeitgeschichte (Abb. 13).

---

[108] Vgl. Grundmann, Siegfried: Einsteins Akte. Berlin /Heidelberg 1998.

Philipp Lenard **(1862–1947)**		**Albert Einstein** **(1879–1955)**
* 7. 6. 1862 Preßburg	**1862**	
	1879	* 14. 3. 1879 Ulm
Arbeiten u.a. über *Phosphore* *Wasserfallelektrizität* *Lenardfenster* *Atommodell* *Hertzsche Mechanik* *Kathodenstrahlen aller Geschwindigkeiten*		
	1896	Studienbeginn in Zürich
a.o. Prof. in Heidelberg f. Theoretische Physik	**1897/98**	Einstein/Marić
Fotoeffekt 1902/03		
Nobelpreis *Untersuchung über Kathodenstrahlen*	**1905**	Arbeiten über *Lichtquantenhypothese/Fotoeffekt* *Brownsche Molekularbewegung* *Spez. Relativitätstheorie* $E = m c^2$
o. Prof. in Heidelberg	**1907**	
Lenard	**1909/11**	Laub
	I. Weltkrieg	
	1914	Preuß. Akad. d. Wiss. Berlin
	1915/16	*Allgemeine Relativitätstheorie*
	1917	
	24. 8. 1920 **Anti-Einstein-Kampagne**	
	23./24. 9. 1920 **Bad Nauheim**	
Institutsbesetzung; Tod Rathenaus *Große Naturforscher*	**1922** **Leipzig**	Nobelpreis f. 1921 *Lichtquantenhypothese/Fotoeffekt*
Emeritierung	**1932**	
Deutsche Physik *Wissenschaftl. Abhandlungen 1–3*	**1933**	Ausbürgerung in die USA
	1945	
† 20. 5. 1947 Messelhausen	**1947**	
	1955	† 15. 3. 1955 Princeton

Abb. 13. Albert Einstein und Philipp Lenard – Gegenüberstellung

Anmerkung zu den ungedruckten Quellen.

- Die Sammlung der Briefe von Lenard an Bjerknes umfaßt die Jahre 1891 bis 1926. Nur 10 Briefe sind von Bjerknes an Lenard erhalten, sie befinden sich in Privatbesitz. Eine Herausgabe des Briefwechsels zwischen Lenard und Bjerknes ist in Vorbereitung.
- Von den Wissenschaftlichen Abhandlungen Lenards sind 3 Bände erschienen. Philipp Lenard hat den IV. Band seiner Wissenschaftlichen Abhandlungen, zu dem die Arbeiten zur Relativitätstheorie gehören, für eine geplante Herausgabe noch selbst vorbereitet und mit handschriftlichen Notizen und Ergänzungen versehen. Eine kritisch kommentierte Herausgabe dieses Bandes ist in Vorbereitung.[109]
- Die Notizen über Gespräche mit Philipp Lenard in seinem letzten Lebensjahr und der Brief von Ernst Gehrcke an Lenard vom 28. 8. 1920 befinden sich in Privatbesitz, ebenso die Briefe von Svante Arrhenius an Lenard im September 1920.

  Bei den Besitzern dieser Quellen möchte ich mich sehr herzlich für die Überlassung der Kopien und der Möglichkeit der Bearbeitung bedanken.
- Der Brief von Paul Knipping an Lise Meitner vom 14. 6. 1923 wird im Meitner-Nachlaß in Cambridge aufbewahrt. Jost Lemmerich machte mich auf diesen Brief aufmerksam, wofür ich ihm herzlich danke.
- Für die Einsichtnahme in das Archiv der Heidelberger Akademie der Wissenschaften, insbesondere für die Hilfsbereitschaft von Herrn Gerhard Leist, möchte ich ein herzliches Dankeschön sagen.

---

[109] Philipp Lenard - Wissenschaftliche Abhandlungen Band IV - eine Quelle der Physikgeschichte. Kritisch kommentiert und herausgegeben von Charlotte Schönbeck. In Vorbereitung.

GPSR Compliance

The European Union's (EU) General Product Safety Regulation (GPSR) is a set of rules that requires consumer products to be safe and our obligations to ensure this.

If you have any concerns about our products, you can contact us on ProductSafety@springernature.com

In case Publisher is established outside the EU, the EU authorized representative is:

Springer Nature Customer Service Center GmbH
Europaplatz 3
69115 Heidelberg, Germany

Batch number: 10692392

Printed by Printforce, the Netherlands